大是文化

講

你的故事

大膽想、小處做、趁現在，
前瑞銀董事總經理的小步驟累積故事成功法。
學非所用也能走出事業高成就。

LinkedIn 超過 200 萬粉絲、
前瑞銀投行董事總經理
沈文才（Eric Sim）——著

金融服務行業職業網站內容經理、記者、編輯
西蒙·莫特洛克（Simon Mortlock）
——文字整理

馬艷——譯

SMALL ACTIONS

CONTENTS

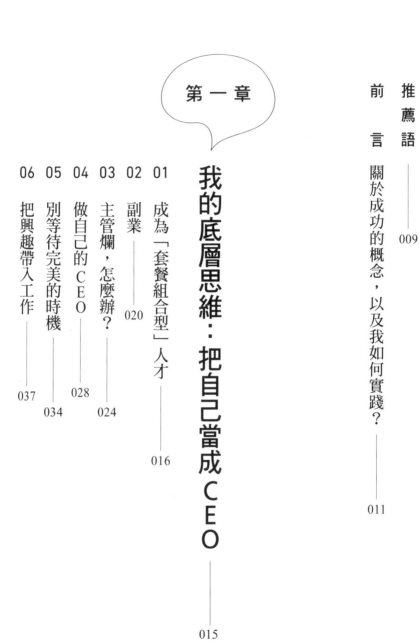

第二章

第三章

第六章

人生從不會一帆風順 153

第七章

放手一搏，必有回報 173

第八章

想成功，你需要三種資本 193

第十一章

沒有頭銜，也能做領導者——261

推薦語

每一個人從呱呱墜地開始，就是一個品牌。投入職場工作，更是得發揮品牌影響力。如何建立自己的品牌定位，累積職涯資產，並且被他人所用，是產生價值的不二法門。

這本書闡述了人生成長的重要因素，透過筆者非常親民的人生經驗，提供改變自己的關鍵法則，讓自己擁有更快樂及更成功的可能。本書敘述了六十六條行動故事，將讓你重新體會自己的定位，獲得邁向成功的思路與靈感。

——GAS口語魅力培訓®創辦人／王介安

從事心理輔導時，我常跟個案說：「很多事不是知道了才說，而是說了才知道！」並鼓勵他們試著說、勇敢說自己的故事。懂得講自己的故事，除了可以自我行銷，更能串起你的內在，凝聚生活中每個精華片段，那會是你成長最大的動力！

本書用六十六個深入淺出的小故事，教你如何連結內在與外在，累積小的能量與行動，塑造堅韌的心理素質，並完成許多看似不可能的挑戰與成就。學會講好你的故事，是探索自己與成功的路上必修的學分！

——《在交易的路上，與自己相遇》作者、交易心理教練／李哲緯（鮪爸）

書中論點與我想法有許多共鳴，讀來流暢愉快，讓我頻頻想要點頭稱讚！例如，每個人最好有副業（在老闆支持之下、且有申報）、利用社群媒體樹立個人形象、保持一致讓別人容易記住你、用故事打動人心、採取行動讓不幸變有幸、適時展現脆弱的一面等，都是我常在著作或演講中提倡的建議。

令人激賞的是，此書不打高空、很接地氣，作者以他多年親身經歷，用事實來證明這些習慣的好處，相當具有說服力。更重要的是，人人都可行！

——《內在原力》系列作者、TMBA 共同創辦人／愛瑞克

你渴望成功、認為成功的關鍵是專業能力，於是致力於學習更多的知識；回過頭看，雖然具備了一定的專業，但如果你距離成功還有一段不小的距離，那麼，本書可以為你提供不同的思維，因為比起學習，更重要的是行動，書中所寫的小行動，不需要每個都照做，只要能學會其中幾項加以實踐，就能在職場上取得成功。

——職場創作者 & 科技業產品經理／小人物職場

沈文才是一名現代哲學家兼人道主義者。如果你想進步、想適應千變萬化的工作和成長模式，他的思想和原則將提供最佳的切入點。除了能力過人，他同時傾注真心和熱情，是社會難能可貴的人才。

——LinkedIn 香港 & 臺灣夥伴關係總監／簡浩權（Nathan Khan）

前言
關於成功的概念，以及我如何實踐？

我在過去的大半生中，飽受自卑情結的折磨，直到最近才釋懷。如果你看到我高中時的成績單，讀過當時老師寫給我的評語，就會知道當年的我是個害羞的男孩，學習成績差，又不擅長運動，顯得很不合群。

從學生時代起，我就一直努力克服自卑感，思考如何才能取得成功。**我最早採用、執行最久的策略是：學習各式各樣的知識**。為了填補內心的不安全感，我學習很多課程，包括室內設計、攝影，甚至正向心理學。我有一個很厚的資料夾，裡面裝滿了證書。**雖然學習各種新知識確實有助於樹立自信，但那種自己不夠出色的感覺，仍從未完全消失**。

直到我為牛津大學的學生和校友舉行線上演講的那一天，才徹底消除了自卑感。我打開家中工作室的燈，坐在鏡頭前。主持人是牛津大學商學院正在讀工商管理碩士的學生，她為我致歡迎辭，介紹了我的背景。我的演講主題是「如何展示思維領導力」。開講之前，主持人問了我一個問題：「沈先生，你在社群媒體上很有影響力。另外，我知道你在銀行工作非常繁忙，但你仍能抽出時間在大學擔任副教授，參加各種大會並演講。你是如何做到的？」

這是一個很好的問題，就在兩個月前，我在芝加哥大學布斯商學院（University of Chicago Booth School of Business）向EMBA（高階主管管理碩士學程）學生演講時，也被問到了類似的問題。這讓我思忖，在職業生涯中，我一定做對了某些事，不然這些國際名校的學生為什麼會請我來講課？況且我的課程又不計學分，他們何必費心來聽——我是如何成為一名「成功人士」的？

這些都是不容易回答的問題，無法在網路研討會上用三言兩語說清楚，我需要深入探討成功的概念，以及我如何實現它。

有了這個想法和目標，我決定與西蒙．莫特洛克（Simon Mortlock）合寫本書。西蒙是我認識的一位記者、編輯兼內容經理，擅長撰寫與職業規畫和招聘相關內容。

循序漸進的職業旅途

開始籌劃這本書時，我回顧了自己的人生，想探究我的成功因何而來。回想自己職場生涯的里程碑後，我意識到自己並不是一個特別勇敢的人，從未做過真正大膽和冒險的決定，比如裸辭。然而，在工作和生活中，我採取過很多小行動，它們積累疊加，最終將我推向成功。**我的職業生涯循序漸進的向前、向上發展，而不是戲劇性爆發**。小行動沒有立竿見影的成效，但隨著時間的推移，它們最終為我帶來了滿意的回報。

大學快畢業時，我遇到一位同學，他告訴我他剛剛參加完新加坡一家銀行的校園招聘會。

雖然我錯過了這次校園招聘會，但我主動寄了一封申請信到銀行，這個行動最終讓我得到了這份工作。如果沒有寫申請信，我就不會進入銀行工作，那就不可能有後來長達數十年的銀行職業生涯，因為在那之前，我求職的所有金融機構都拒絕了我。

因為工作關係，我在香港、上海和倫敦生活過，如今我定居新加坡，所以這本書涉及的場景也十分國際化。我還在香港工作過三次，對這座城市了解甚深，書中的幾個故事也以香港為背景。

我對成功的定義

透過採取一些小行動，我已取得大部分人認為的事業成功——高薪和高職位。但對我來說，成功真正的定義絕非如此。是的，**錢很重要，但不是因為我要買炫酷的跑車或過奢侈的生活，而是因為我要實現財務自由**。

在我看來，僅僅將收入和職位作為衡量成功的標準太過狹隘。真正的成功，是指我們在大多數時候感到滿足和快樂。根據這個定義，一份職位很高的工作並非成功的保證。有的執行長（CEO）可能並不幸福，因為他們幾乎沒有生活隱私，說話也不能隨心所欲，有時，他們的價值觀甚至會與組織利益產生衝突。

另外，我們還應該避免過於明確的將工作和生活分開。如果我們在其中一個場合不快樂，那在另一個場合也不會快樂。因此，我在這本書中告訴你，**我們應當努力把個人興趣融入工**

作，積極實現工作與生活的「融合」，而不是工作與生活的平衡。

那麼，採取什麼樣的小行動才能走向成功和幸福？這本書包含六十六條行之有效的建議，這些建議對我自己、我教的學生，以及我指導的處於職業生涯中期的管理人員都很有幫助。本書涉及十一個核心主題，每個故事都短小簡潔、內容豐富，包括如何增強影響力、打造個人品牌、應對挑戰，以及如何展示領導力。各章內容獨立，你可以按照自己喜歡的順序選讀，不過，按先後順序閱讀，你可能會有更多收穫。

無論採用何種閱讀方法，你都沒必要執行書中的所有小行動。**只要執行其中一些建議，就足以讓你走上正確的方向**。你會發現，自己採取第一個小行動後，就會自然而然的執行下一個，很快就能踏上事業成功的道路。

第　一　章

我的底層思維：把自己當成CEO

01 成為「套餐組合型」人才

我經常提供與職業規畫有關的建議給年輕人，幫助他們實現職業理想。他們有時問我：「我應該做個通才還是專才？」我的回答是，最好不要輕易給自己定性，哪個極端都不好。

快速發展的技術、超出我們掌控範圍的各種變化，讓各行各業充滿變數，你的職業生涯也將不可避免的經歷動盪。**你不應該致力成為通才，因為就算你各個領域都略懂，但知識不夠深厚，就容易被取代**，就算你保住了工作，薪水也不容易上漲。不過，你也不應該成為太過狹隘的專才，因為一旦行業受到衝擊，就會面臨被淘汰的風險。**你的目標，應該是成為「套餐組合型人才」**（Combo Specialist）。

我用速食店的套餐來打比方。套餐裡通常有一個漢堡、一包薯條和一杯可樂。漢堡就像你的王牌特長，薯條是次要專長，而可樂是你的興趣愛好。在我的職業生涯中，我曾發展出多種套餐組合。

我在大學主修工程學，畢業後第一份工作卻在銀行，那時，我的「漢堡」是工程學，「薯條」是金融知識，「可樂」是程式設計。但因為職業的關係，我不得不迅速了解金融行業，讓金融知識成為我的漢堡。

圖表 1-1　套餐組合型人才的才藝組合

王牌特長	次要專長	興趣愛好
工程學	金融知識	程式設計
金融工程	培訓	學習中華文化
投資銀行	銷售技能	寫部落格
教學	銀行業務	製作影片
公眾演講	社群媒體	直播製作

那時的我不擅長社交，對外匯銷售工作信心不足。老闆留意到我的分析能力較強，就讓我多做金融市場分析工作。我還利用程式設計能力，將金融市場分析較具重複性的工作自動化，從而彌補自己在銷售方面的不足。

隨著事業發展，金融工程成了我的漢堡，我學會如何構建複雜的金融產品並為其定價。由於我樂於分享，培訓則變成我的薯條，而對中華文化的興趣則成了我的可樂。所以，我後來負責為中國同事講解結構性產品的知識。

在新加坡工作多年後，我搬到上海，之後又到香港為眾多中資企業和機構客戶提供服務。此時，為他們提供適合的投資銀行解決方案是我的漢堡，銷售技能是我的薯條，我對部落格的興趣則成了可樂。

隨後，憑藉在銀行的培訓經驗，我當上了大學兼職副教授，這時，教學變成了我的漢堡。我將自己過往的銀行業務經驗和案例融入課程裡（當然，不透露客戶實名），給課堂加料（薯條），將理論與實踐相結合，讓學生了解金融業的真實狀況。後來，我又對製作影片（可樂）產生了興趣。隨著學生們越來越願意在線上觀看講座，我的這杯可樂就派上了用場。

在大學的工作讓我的口才受到鍛煉，我成為專業講者，這時，公眾演講就成了漢堡。我開始發表大型演講，有償為聽眾講解職業和人生規畫術。為順應趨勢，很多演講開始在線上進行，而我也好好把握了這一機會。

以前，大型會議主辦方用富麗堂皇的酒店吸引觀眾參加，當然，提供社交機會也是賣點，但線上活動不同，主辦方要憑藉主講嘉賓的聲譽吸引聽眾。而此時，我已經在社群媒體上有了一定的影響力（薯條），這可以幫助我為影片講座引流。我對直播製作的興趣（可樂），又幫我提高了影片製作的品質。正因為這些才藝組合，我接到不少演講工作。

我們可以看到，成為套餐組合型人才有以下三大好處：

- 把王牌特長、次要專長和興趣愛好融為一體時，你可以持續轉換你的王牌特長，快速進入新領域。
- 你比專才更具競爭力。
- 將興趣愛好融入工作，你會更加樂在其中。

假設你是一名工程師，又具備設計能力，那你就比不會設計的工程師更受青睞；如果你還喜歡攝影，就可以把它當成你的可樂，用照片為你的工程設計展示加分。所以，我們需要根據自己的職業理想，發展自己的套餐。世界變化如此快，各行各業都有改朝換代的可能性。擁有自己的才藝組合，你在面對挑戰時才會更遊刃有餘，學會適應各種生存環境，你在職場中的價值也更大。

做個套餐組合型人才吧，做獨一無二的你。

02 副業

只做一份工作就想滿足生活的所有需求，是非常困難的，因為很多人想要的太多了：金錢、人生的意義、幸福……。我們白天上班，被一紙合約約束，就像併購交易中的買賣協議一樣，你是賣家，雇主是買家；你出售時間和服務來換取金錢。不過，這項交易裡沒有提到人生的意義，也沒有提到幸福。指望雇主滿足你的全部人生所需，這既不公平也不現實。

所以，我會用不同的工作或興趣愛好，來滿足不同需求——銀行工作給我金錢，教書給我人生意義，演講和寫作則給我幸福感。在各種論壇上演講，讓我去到很多沒去過的地方，了解不同的文化；而寫部落格讓我有機會建立高品質人際關係，拓展了我的人脈。

為了追求充實的人生，我從事過很多不同工作。我見過一些和我一樣的專業人士，我們除了本職工作還會做其他事情。這並不是要你完全退出目前從事的工作、另謀出路，這種做法已經不流行了；而是本職工作照做，利用週末、下班後或休年假的時間嘗試副業。在講到如何成功做好副業之前，我先來談談我們為什麼需要副業。

1. 不浪費才幹和能力：很多人有各式各樣的能力和天分。在我看來，把才幹和智慧限制在單一領域，非常可惜。

2. 獲得成就感和滿足感：許多行業，包括銀行業、法律界及諮詢業，都存在殘酷的競爭及複雜的人際關係。即使你收入可觀，也不一定能從工作中獲得滿足感。而一個你喜歡的副業，可以讓你的人生過得更有意義。

3. 擴大社交圈：發展副業的一個主要好處是，你有機會結識本業以外的人。以前從事金融工作時，我就非常喜歡與人探討非金融類的話題，比如與行銷專家談論數位行銷，或與學者交流教育問題。

4. 主業的發展也會越來越好：副業可以促進主業的發展。正因為我在大學裡教課，**在客戶的眼裡，我不僅是金融專業人士，還是老師——這是個更令人尊敬的身分**。我的一些學生還會介紹他們的老闆給我認識。副業讓你有機會認識平常很難接觸到的人。比如，你不僅在一家公司任職，還開了一家餐廳，你就可以鼓勵你的同事把家人、朋友帶過來用餐，然後好好款待他們。

5. 額外的收入：不要把賺錢當成你的主要目的。不過，有外快可賺也是不無小補。

如何成功做好副業

看完副業的各種好處，假如你決定要拓展副業，就要找對成功的辦法，以下為幾個訣竅：

1. 從身邊入手：如果你有了發展副業的想法，那身邊的同事就是最好的測試對象。如果他們不喜歡你的產品，你就要想辦法改進。如果你想開麵包店，就先看看同事喜不喜歡吃你做的麵包；如果你對公開演講感興趣，就先在公司裡找機會測試自己的演講實力；如果你想當歌手，就可以找機會在公司尾牙一展歌喉。

2. 利用社群媒體宣傳自己：在社群媒體上保持活躍，能讓你獲得更多商業機會。我會讓我的粉絲知道，我既是演說家、大學講師和作家，也是金融專業人士。因此，特許金融分析師協會（簡稱 CFA 協會）等單位就會邀請我去演講、授課。

3. 請老闆支持你：跟老闆搞好關係非常重要，以防有人把你的副業當成攻擊你的方式。你一定希望老闆這麼想：「你的副業做得不錯，該做的工作也沒耽誤，很厲害。」我很幸運，我過去的老闆大多都很支持我，只有一位出於嫉妒，指責我一心多用。

4. 確保本職工作優先：你的副業可能會成為你的全職工作，但只要你還沒有辭職，無論如何，都不能讓公司認為你怠惰了正職。我只利用年假時間演講、授課，以確保老闆不會認為我在消極怠工。

5. 有償並申報收入：一旦有人願意為你的副業支付報酬，你就應該知道，這不再只是一種愛好，它可以發展成正式的職業。我在剛開始講課那幾年，一直告訴大學相關部門不用支付課酬，因為我是新手，另外，這也規避了向我所任職的公司人事部申報副業收入的麻煩。有了足夠的教學經驗後，我決定接受報酬。雖然要經過公司既漫長又繁瑣的審批程序，但最終證明，那些麻煩都是值得的。這些報酬說明我這個老師教得還不錯。

希望你開始考慮從事一份副業，讓它激勵你，帶來本業無法給你的意義和幸福。

03 主管爛，怎麼辦？

我在英國獲得金融碩士學位後回到新加坡。遺憾的是，我回來時剛好遭遇亞洲金融危機，就業市場突然收縮，我不得不放棄成為金融工程師的計畫。

我猜想金融機構在那次危機中，意識到了風險控制的重要性，因此決定申請風險管理職位，不久後，我拿到兩家銀行的工作機會，其中一家銀行規模更大、知名度更高。但最後，我選擇了規模較小的銀行。為什麼我會選擇看起來稍遜一籌的公司和職位？因為我認為，在這家規模較小的銀行，我的主管普拉撒納（Prasanna）會支持我的職業長期發展。後來證明，我當初的判斷是正確的，他的幫助果然為我的事業發展打下了堅實基礎。

求職時，**如果你無法進入理想公司，那就找信任你的主管，不要考慮職位和公司規模**。為這樣的主管工作有哪些好處？

首先，你會更願意嘗試新事物。

信任員工的主管會鼓勵員工大膽創新。當年在普拉撒納手下工作時，我在一份貿易期刊上發表了一篇關於銀行資本的文章。當時的我只是一名初階員工，哪來的勇氣做這件事？不過，因為我得到了主管的支持，我知道如果自己因為這篇文章受到批評，他一定會挺我。如果你的主管不支持你，你就會變得謹小慎微、害怕冒險，只會不斷重複同樣的工作，直到被淘汰。

再者，你會更享受工作。主管信任你時，就會看到你的長處，讓你嘗試有挑戰性、鍛煉人的工作。這樣，你工作時就會充滿幹勁，每天都會心情愉快的上班。普拉撒納發現我會VBA[1]，就安排我設計風險管理監控的電子試算表，用於管理銀行新建立的奇異期權（exotic options）交易平臺。我非常喜歡這項額外的任務，因此對本職工作變得更有熱情。

第三，你會獲得更多發展機會。

我獲得金融碩士學位後，在倫敦找工作失敗才回到新加坡，那時的我從未想過我會在一年內回到倫敦。普拉撒納認可我的能力，把我調到倫敦六個月。之後，我又在香港待了六個月。對普拉撒納來說，這並不是一個容易的決定，因為這種轉調機會非常搶手，他本可以把機會給別人，況且，在我不在的這段時間，他還要安排其他人頂替我在新加坡的崗位。多虧了他，我走上國際化的職業發展道路。普拉撒納離職時，我溼了眼眶，因為他對我的人生產生了巨大的影響。

在我們的職業生涯中，**許多人更看重薪資待遇和公司品牌，其實擁有一個信任自己的主管更為重要**，因為你可以更自信的成長，有更多的機會發揮潛能。

1. 微軟（Microsoft）的開發工具，幫助使用者依據需求設計出合適的自動化功能，主要用在Excel上。

怎樣逃離壞主管

雖然我們都希望有一個支持我們的主管，卻不一定能得償所願。在整個職業生涯中，如果能碰到一、兩個好老闆，就算是福星高照了。主管不支持我們的原因有很多，我無法傳授所有解決方案。不過，我可以告訴你，**離開「壞主管」的方法不是辭職，而是找到在公司內部調動的機會**。如果因為不喜歡主管而換工作，那在下一家公司你可能還是會碰到此問題，甚至遇到更嚴重的狀況。

你可以經常去幫忙其他部門的同事，讓他們對你產生好感。一旦他們的部門有空缺，他們可能就會通知你。如果你休假時剛好要去某個有公司分部的城市，不妨順便去和那裡的同事打個招呼。與公司的不同部門建立聯繫，有助於你獲得內部轉調的機會，這樣你也就有機會離開現在的主管了。

當然，你的直屬主管也可能覺得，你的業績會對他構成威脅，但比你高兩、三階的主管就不會有這樣的擔心，因為他們的級別更高，你做得再好也威脅不到他們。與他們建立牢固的關係很重要，因為他們更了解公司戰略並負責戰略執行。如果合乎公司發展計畫，他們有權把你分配到另一個團隊。如果公司高層中至少有一個人支持你，在你與直屬主管產生矛盾時，你會更有信心面對和處理問題，你在公司就能待得更久。

記住，**在公司活動上，你要主動與高層交談**。如果他們從海外來訪，你可以提議當他們的導遊。為了有機會與高層接觸，你應該培養一些拿手的技能，因為如果你的直屬主管在場，他們通常不太會與你談論工作。但如果你會製作培訓影片，又在公司小有名氣，那麼他們要拍影片時就會找你。在銀行職業生涯的早期，我是蘋果（Apple）產品的忠實粉絲，只要銀行有人想買蘋果電腦，就會來問我的意見，我甚至去過一位協理家中，教他使用iMac。可見，我的招牌技能讓我在銀行裡廣結好人緣。

有一個糟糕的主管，不能構成你表現不佳的原因。不管主管如何，你的工作品質都不能下降，否則公司可能會解僱你。你要有耐心，等待機會。即使沒有內部轉調的機會，你的主管也可能辭職、升職或被轉調。除此之外，如果你工作出色，主管會逐漸認識到你對團隊的價值，你們的關係也可能好轉。當然，若不想遇到這樣的情況，在接受職位前，請先了解主管。

我會盡量選擇為我見過、喜歡又尊敬的人工作。不過我們不一定有這樣的機會，尤其是在初入職場的時期。**在面試時，許多人急於獲得工作機會、確認薪酬和職位，卻忘記了解主管**。要記住，面試時要向你未來的主管提問，儘管他們可能表現得很好，不會暴露真實性格。如果想知道主管的真實情況，那你應該和與他共過事的人談談。你的主管會調查你的背景，所以你調查他們也理所當然。即使你別無選擇，只能接受這份工作，你至少要知道自己即將面對什麼，知道如何與新主管相處。

加入團隊前，你要清楚自己應該對主管有怎樣的期望。

一旦進入角色，就要搞好公司內的人際關係，經常在各部門間走動。如果沒有處理好與主管的關係，你就需要公司裡的其他人幫你找另外的機會。

04 做自己的CEO

我願意把自己看成「沈氏諮詢公司」的CEO，這間公司只有一名員工：我。我工作過的公司，都被我看成客戶而非雇主，我為他們工作，付出時間、提供服務，他們付給我的是「諮詢費」，而不是工資。

有了這種提供諮詢服務的思維，我的工作動機就與把自己當成雇員時完全不同。把自己想成CEO時，我考慮的是如何與客戶建立長期的合作關係，因此，即便是一些從嚴格意義上來講不在我職責範圍內的工作，如組織公司活動、代賣其他部門的產品等，我也很願意做。

這些工作雖然不是我的本職，但有利於讓我和客戶建立良好關係，未來會給我帶來新的機會。如果你想當自己的CEO，你就要準備好自掏腰包，藉此提升自我。你不能總是指望公司，送你去參加可以提升工作技能、有助於了解行業動態的培訓。另外，大公司也有可能在文具這類微小的開支上斤斤計較，我用的筆幾乎都是自己買的；我有一位同事因為座位上方的燈光比較暗，就自己花錢買了盞檯燈。

然而，我遇到的很多專業人士都不願意自己負擔與工作有關的開銷，哪怕只是一個滑鼠墊，或是讓自己坐得舒服一點的腳凳。因為他們採用了員工思維，而不是顧問思維，認為與工作相關的一切都應該由公司提供。

在職場上遇到困難時，CEO 心態就會派上用場，你會願意花自己的金錢和時間來克服困難。讓我分享四個案例，來說明這一做法的好處。

1. 改變我一生的訓練營：在職業生涯初期，我的人壽保險代理人向我提起，他和公司數百名代理人要去馬來西亞參加激勵訓練營課程。該課程的主要內容是，如何在面對拒絕時保持韌性。他說，這個課程會讓每個人成為「超人」，能夠承擔看似不可能完成的任務。

這個培訓聽起來很棒，我知道從長遠來看，它對我很有好處，但這與我在風險管理方面的工作沒有直接關係，公司不會贊助我。可是，我戴上了「沈氏諮詢公司 CEO」的帽子，請代理人為我報名，自付培訓費，請了五天年假去參加。

這筆錢花得很值得，這門課程為我以後的職業生涯打下了堅定的基礎：提高了我的團隊合作技能，讓我更有韌性、更懂得應對拒絕和變化。

2. 將麻煩變成機會：傑克（Jack）任職於英國四大會計師事務所之一。有一次，一個很重要的美國客戶讓他處理一些緊急的事。而傑克手頭上還有其他客戶的工作，他決定先不處理這個突如其來的新任務。他向主管寫了一封措辭優美的郵件，解釋了自己的理由。主管理解他的決定，但傑克犯了一個大錯，他不小心把郵件副本寄給美國客戶。傑克嚇壞了！他兩個晚上都沒睡好，公司也沒有幫他解決麻煩。

這時，傑克來找我，希望我能給他一點建議。我對他說，請假設自己是「傑克諮詢公司」的CEO，與其作為一名員工等人來救，不如「CEO傑克」自己設法將麻煩變成機會。我建議他休兩天年假，自掏腰包買一張飛往美國的機票，親自去對客戶說聲「對不起」，客戶會看到他的誠意。傑克還考慮買個小禮物，為他的歉意增添分量。一想到還有辦法可以解決問題，傑克總算放下巨大的心理壓力，可以好好睡一覺了。

最終，客戶對郵件的反應並沒有傑克擔心的那麼大，所以他也沒必要為了道歉而專程去一趟美國。透過這件事，他明白了願意花點錢解決問題，其實非常值得。現在，傑克還在這家會計師事務所為這位客戶服務。

3. 去上海辦一場「秀」：有一次，區域總經理問我：「要不要幫銀行協調一場為期三天的場外（offsite）活動？」那是為亞洲最重要的CFO（財務長）所舉辦的活動。

不過，我人在新加坡，活動卻在上海舉行。這個任務並不容易，包括組織培訓、遊覽行程，還有一場盛大的晚宴，銀行的高階主管和來自亞洲各地的三十名CFO都會參加。為了不影響我的本職，我只能在業餘時間著手。但作為沈氏諮詢公司的CEO，我很高興的接受了這個挑戰，因為我意識到，這會為我帶來長遠的好處。我們在職業生涯中，總是一分耕耘、一分收穫。

我饒有興致的展開這項工作。我搜尋老上海的音樂，找到一張名為「上海爵士樂」的唱片，是一九二〇年代經典老歌的現代演繹版本。其中的曲目令人著迷，讓我有了利用這張專輯策劃晚宴的靈感。我請來唱片收錄的其中一位歌手，晚宴瞬間變成迷人的爵士樂之夜。每位客人都收到了一張唱片作為宴會禮物，和一套在宴會上穿的唐裝。

那天的宴會非常精彩，為公司的客戶活動樹立了新指標。客戶反應極佳，客戶關係也更加牢固。從中，我不僅學到如何組織客戶活動，還認識了來自不同國家的銀行銷售主管，所以花時間和心思安排這一切，非常值得。

4. 自己出錢購買線上服務：吳琳是一名資歷尚淺的金融工作者。新冠疫情防控初期，她自告奮勇幫助團隊安排一場Zoom會議。Zoom提供的免費服務只有四十分鐘，為了省去會議超時後，又要重新開啟會議的麻煩，吳琳問主管能不能花費四十五美元，購買三個月的服務。主管回答，他要問問他的主管，因為按照公司政策，線上會議費用不算在會議預算中。

在這種情況下，吳琳的主管應該戴上他的CEO帽子，讓吳琳馬上用他的信用卡購買服務。即使之後他無法報銷這筆費用，花四十五美元就能讓團隊成員的交流更方便，也是物超所值。在我看來，如果管理者連這樣的決策都做不了，那他就是不稱職的經理。

你的雇主主要關心的是公司利益，所以你不該用個人需求去麻煩他，就算你這麼做了，你也可能要等很長一段時間。作為自己的CEO，你可以自己花錢購買一些線上服務、小工具和培訓課程，解決職場上出現的問題。看到對工作有幫助的產品或服務，就去買吧！不要擔心你的主管是否會報銷這筆費用。

現在新創業的熱度很高，但並不是只有創業，才能管理好職業生涯，像CEO一樣思考，在為公司工作時，同時經營自己的業務，做決策時可以更大膽、更具創新性，這就等於自我創業。用CEO思維工作，你的工作就有了不同尋常的意義，你就獲得了更大的自主權，工作時就會更有成就感。

我有個粉絲愛德華（Edouard），是法國人，最近來信告訴我，他看了我的文章並決心做自己的CEO後，職涯出現很正向的改變。其實，他只是轉變了心態而已。

以下是愛德華的來信內容：

去年，我在工作中經歷了許多起起伏伏。對上班毫無興致，沒有方向。我不知道怎樣才能融入公司，感到非常迷失。我太在意工作中我不喜歡的面向。我不想進辦公室，每天坐在同一個座位上，看同樣的東西。尤其，我的職業型態是獨自工作，所以可以好幾天不與人說話。

但如果我不在辦公室裡工作，又覺得自己好像不是公司員工，反而像個獨立顧問，自己決定什麼時候去吃午飯，遠距辦公，偶爾去一趟辦公室。但是，我不太確定這種「顧問的心態」是否正常。正當我困惑時，我讀到了沈先生的文章，他在文中談到自己如何讓工作變得更有意思。文中一個標題就是：做自己的CEO。

看到這句話，我突然感到很輕鬆！我立刻從消極和自我懷疑，變成了自信和興奮。我開始以一種昂揚的心態對待瑣碎的工作；告訴自己，無論對這些工作的感受如何，我都要不負所托，完成客戶（我的雇主）交給我的任務。

這種心態幫助我改善了工作態度，也讓別人看見我。我現在很樂意自願承擔額外工作，分享和執行新想法時，也更加積極主動。最終，我的新態度強化了我的領導風格。現在的我不再抱怨，不再消極處事，而是充滿能量，幫助他人、推動別人。這種小小的心態轉變，光憑一個小行動，就大大幫助了我。

05 別等待完美的時機

在上海和香港兩地待了四年後，我總算回到新加坡的家人身邊。新加坡是我的家，我在這裡的工作和生活都很舒適。我覺得我在國外待了很久，在外租公寓的生活讓我感到厭倦，連在牆上掛張照片都要經過房東允許。於是，我一搬回新加坡的住所，就將房子重新裝修了一番。我還買了一輛車，準備久居。

新加坡的生活很順遂，直到回來後不到兩年，一家國際投資銀行（以下簡稱投行）想聘請我去香港工作。這家投行的平臺更大，產品線更廣。我有機會參與大型交易、見到更大規模公司的執行長，並在中國獲得更多曝光機會。我還認識這家投行的幾位高層，對於適應新的工作環境大有助益。

但是，我才剛回新加坡不久，不太想這麼快又搬家。因為這個崗位服務的是整個亞洲地區的客戶，所以我試圖說服招聘經理把工作地點設在新加坡。我向他保證，我可以每隔一週飛往香港一次，但他否決了這個提議。

於是，我把新加坡的公寓租出去，賣了車，又搬回香港，接下這份工作。事實證明，經理是對的：我們的生意大多來自中國，常駐香港節省了很多時間。我又在香港待了七年。我很高興自己做了這個決定，得以與許多出色的人共事，這段經歷塑造了我的事業和人生。

另一個例子是，每隔幾個月，我都會舉辦小型酒會，通常是在週五晚上，我會邀請朋友、同事和前同事一起聚會，讓大家互相認識。有一次，前同事李嘉倫來參加聚會，他還帶了自己的好友馬埃文。馬埃文是一家地產基金的總裁，掌管七十億美元的基金。他得知我在大學講課，便透露自己對教學也很感興趣，十多年前，他曾利用業餘時間教書，但最終因工作而放棄這一興趣。我能感覺到馬總對回去教書有強烈的渴望。

這些年來，我遇到過很多像馬總這樣的人。我知道他們雖然對教書感興趣，但通常疏於努力或信念不強。所以，我對馬總做了個測試。剛好那個週日我要去新加坡國立大學講課，便邀請他到場做十五分鐘的經驗分享。我知道他是一家大公司的總裁，估計會跟其他來找我的人一樣，推脫說自己很忙。

他說他會考慮一下，我心中暗想：「果不其然！」馬總接著向我解釋，週日這個時間不太方便，因為他必須幫助兒子準備小學畢業考。這是一場改變人生的考試，將影響許多十二歲新加坡孩子的命運，考試結果將決定這些孩子上哪所中學。

馬總必須在自己的教學興趣和兒子的前途之間做出抉擇。週六傍晚，他發訊息給我，說他和妻子調整了輔導兒子學習的時間，因此可以來參加講座，並用十五分鐘的時間，講一講他作為基金經理的職業生涯，以及招聘員工時看重哪些人才素質。

他的演講大獲成功，學生們十分喜歡。他把這件事發布在自己的社群媒體上。好幾所大學得知這位資深金融專家喜歡教書後，都感到很高興，馬總很快就收到另外三所大學的授課邀請。如果在最後一刻，他沒有調整私人行程，那他可能不會重燃教學熱情，當然也不會那麼快接到諸多演講和教學邀請。

不是所有人都能像馬總那樣抓住稍縱即逝的機會。更常見的是，機會出現時我們找藉口推脫：「等我有時間或更有把握時再去做吧。」但是，**從來不會有一個完美的時機**。**如果我們拖得太久，那麼機會可能永遠不再出現**。在經濟低迷時拒絕海外轉調的機會，你可能後悔莫及；待到市場環境轉好時再行動，你或許就沒機會了，因為大家都是這樣想的，崗位競爭自然更加劇烈。

如果當年我不願意再次搬去香港，就無法獲得如此廣闊的視野，也就無法定期在社群媒體上發表文章；如果我不寫文章，就沒有今天這本書了！良機，常常出現在出其不意的時刻。

06 把興趣帶入工作

即使是一份理想的工作，有時也會令人不快。主管不講理、同事很討厭，還有職場人際關係問題，這些都讓人感到心力交瘁。有些工作單調、無聊，也有些行政工作很耗費腦力。有些情況你覺得忍無可忍，比如主管轉發郵件時總在上方加一個「？」，或是心懷不軌的同事想要挖走你的客戶、將你的業績占為己有。

這種時候，你會不會有辭職的衝動？

但是，即使你離開了這家公司，也不能保證下一家公司的同事比這家的好，更不能保證新的工作會有趣、不枯燥。**如果你工作時情緒低落，我建議你等待三到六個月，觀察情況是否有所改變**。我們不開心時，往往無法做出理性決定，因為我們會拿當下的負面狀況，與新環境可能帶來的好處做比較。

你應該做的是，採取積極行動來改善工作狀況。有個好方法是，把興趣帶入工作，讓工作變得更有樂趣。每個人喜歡的事情都不同，我無法列出確切的清單，告訴你哪些事情會讓你的工作變得更好受。但以下是我的七點經驗，希望能激發你的思考，幫你找到自己的興趣愛好，並將其融入工作之中。

1. 教學：透過舉辦研討會，我們可以教授同事新技能和產品知識，與同事建立親善、彼此信賴的關係，為未來的合作奠定基礎。公司是你的絕佳平臺，因為你擁有願意洗耳恭聽的聽眾、現成的場地，而且主管一定會支持你分享知識與技能。你不用被動的等待機會，可以主動詢問組員有沒有興趣了解你的專業領域。如果剛開始你不太有把握，就先從一個小組著手。

2. 美食：如果你熱愛美食，那麼，可以利用工作來豐富你的美食體驗。和同事外出用餐時，你可以探索新餐館和各式菜餚，或是帶他們去你新發現的餐館嚐鮮。由於工作需要，我去過很多亞洲城市，我經常讓當地同事帶我去街頭小吃攤，品嚐正宗的當地美味。我一邊開展業務、結識新同事，一邊了解不同的飲食文化。

3. 社交：工作是結識新朋友的理想平臺，但不要坐等機會出現，你要積極、主動一點。你可以舉辦社交活動，邀請同事和客戶參加。比如，你可以邀請大家一起喝酒或吃午餐，把不同背景的人聚到一起，讓他們在這種社交活動中互相交流，分享資訊或想法，這很可能會為你和其他同事帶來新機會。你還可以把同事介紹給朋友，把年輕人引薦給高層，讓網路上結識的人和生活中的朋友相互熟識，使自己和別人的社交圈都變得更加豐富。

4. 創作：我一直很喜歡具創造性的工作，只要有機會，我都會把自己的創造力融入工作之中。當我還是新進員工時，有一次要為客戶製作幻燈片，我用蘋果 Keynote [2] 設計好之後，在自己的蘋果筆電而非公司配給的筆電上演示。那時，蘋果電腦還不常見，我的創意設計和動畫製作讓客戶大開眼界。這次嘗試不僅為公司贏得生意，還建立了良好的客戶關係。要有創新精神，多關注流行趨勢和下一個可能走紅的科技產品，這些說不定什麼時候就會幫上大忙，為同事和客戶提供最新體驗。

5. 攝影：現在幾乎人手一支智慧型手機，人人都有機會成為攝影新秀。何不主動提議幫活動拍照、錄影？有同事當你的免費模特兒，你可以拿他們練習，他們拿到你拍攝的影片和照片時，也會很高興。

6. 運動：如果你喜歡運動，也經常出差，可以把兩者結合起來：每去一個城市，你都可以邊跑步、邊探索有意思的地方。在商務旅行時，一邊欣賞風景，一邊堅持健身，這種做法非常實用。我有時會邀請海外客戶和我一起跑步晨練，而不是吃飯。有一次我去雪梨拜訪客戶，同事和我利用午餐時間一起游泳。當然，也不是一定要在出差時把健身融入工作。有些人則更喜歡集體活動，比如和當地同事一起賽龍舟或跑馬拉松。

2. 編按：簡報軟體。

7. 寫作：除了教學，寫作也是一種可以整合工作內容的知識共享活動。你可以就某個特定技術領域寫點文章，在 LinkedIn 上發布，甚至可以在行業雜誌上發表。很快的，公司內外就會視你為這方面的專家。我知道有些律師事務所會鼓勵律師在網路上活躍一點，增加在客戶圈中的曝光率，希望藉此吸引更多業務。

職業生涯初期，我在一份行業雜誌上發表過文章，如今我定期在 LinkedIn 上發布文章。起初，我寫文章時也會遇到難關，不大喜歡寫，後來收到一些讀者的好評才逐漸產生興趣，愛上了寫作。

我建議你將一些興趣融入工作中，最好從初入職場時就開始。你在工作場所展露的興趣愛好，可以幫助你在同事中建立好人緣。如果你能在工作中找到樂趣，進而精力充沛的面對職務，就能渡過上述的難關，單調瑣碎的工作也將不再難熬。

第　二　章

講好你的故事，在社群樹立形象

07 精通一道「招牌菜」

每家口碑不錯的餐廳，都有一、兩道既能吸引回頭客，又讓顧客口口相傳的招牌菜。

在香港中環有家侯布雄法式餐廳（L'Atelier de Joël Robuchon），這是我招待客戶時經常光顧的一家餐廳。已故的法國廚師喬爾・侯布雄（Joël Robuchon），是位頗具傳奇色彩的主廚兼餐廳老闆，二〇一六年時，他累計獲得三十二顆米其林星星。

他的餐廳有許多著名的招牌菜，其中一道魚子醬開胃菜的特別之處在於，它用了七十二個間隔相等、平均分布的花椰菜泥裝飾。但最受歡迎的一道菜，卻是馬鈴薯泥。侯布雄將冰奶油和熱馬鈴薯泥以一：二的比例混合，大力攪拌後，完成一道蓬鬆絲滑的美味佳餚。猜猜看，這要多少錢？答案是免費！只要你點主菜，就會獲贈一份馬鈴薯泥。

當然，侯布雄免費贈送馬鈴薯泥並非不圖回報，相反的，他說：「我的一切都拜這些馬鈴薯泥所賜。」有一次，他在展示如何製作他的經典菜餚時表示：「**招牌馬鈴薯泥會給顧客帶來一點點懷舊感，把初來乍到的人變成常客**。」人們還會熱心幫忙宣傳，吸引更多人前來。免費馬鈴薯泥也是開拓客源的有效工具，因為它迎合了大多數人的口味。

侯布雄的菜單上什麼最賺錢？葡萄酒——具體而言，是紅葡萄酒。售賣紅酒有幾個好處：

很容易儲藏、不用擔心競爭對手抄食譜，還有，幾乎不需要時間就能準備好。

紅酒和招牌菜的例子不僅適用於餐飲行業，我們也可以借鑑、應用於職業生涯中。在學校和工作場所學到的技能大多是「紅酒」，是完成日常工作所需的基本技能，你和你的主管都可以輕鬆使用，就像服務生從酒架上拿下一瓶紅酒一樣。在銀行業和諮詢業，初階職位的「紅酒技能」可能是財務建模（financial modeling）或準備一份競標書；在程式設計業，紅酒技能就是知道如何開發一款應用程式。

儘管紅酒技能可以讓你出色的完成工作，但它不足以幫助你升職，因為團隊中的其他人也有紅酒技能。這就是為什麼你還需要招牌技能（侯布雄馬鈴薯泥）來吸引機會、建立關係。這些技能不需要花很多錢就能獲得，比如，你的文筆好，可以幫同事寫很精彩的內容，發布到社群媒體上；你會製作影片，可以幫他們製作培訓影片。

我在職業生涯的不同階段都有一些不同的招牌技能，我很明白不斷進步、不能停滯不前的重要性。一九九四年到一九九六年，我在新展銀行（DBS Bank）從事外匯銷售工作。我用外匯知識為銀行創造收入，就像紅酒為餐館賺錢一樣。而我的馬鈴薯泥是程式設計，那時候沒有多少前端工作人員了解程式設計。我用大學時學到的C++語言，為外匯交換定價寫了一個程式。雖然銀行並沒有額外付錢給我，但我這個新進員工因此引起了別人的注意。主管想在部門內推行流程自動化時，就想到了我。

後來，我跳槽到渣打銀行（Standard Chartered），風險管理是我的關鍵技能，即紅酒技能。那時我還開始為金融出版物撰稿。我寫的一篇關於銀行資本的文章，為我贏得了金融市場總經理的獎金。此後，發表技術文章成了我的新馬鈴薯泥，提升了我在公司內的形象，高階經理也因為讀過我在行業雜誌上發表的文章，進而認識了我。

二〇〇〇年後，我都在一家美國銀行工作，這段期間還多了兩項新的招牌技能：攝影和培訓。我最初在新加坡分行負責亞洲客戶風險諮詢業務，資深同事經常邀請我幫他們的團隊和客戶培訓、為外場活動拍照，這讓我與好幾個國家的銷售主管建立了很好的關係。

二〇〇五年，總部想把我調到香港，但我更喜歡上海，因為這裡的金融市場前景廣闊。幸運的是，我積極開展培訓課程，認識了中國的銷售負責人，於是我打電話給他，說道：「莫總，我幫您做過員工培訓，還幫您的客戶活動拍過照。我能不能過來給您打工？」他欣然同意後，我搬到上海，成立了衍生性金融商品小組。那段時間是我職業生涯的顛峰，見證了中國銀行業的開放，以及人民幣與美元脫鉤。我能得到這份工作，除了歸功於我在衍生品方面的紅酒技能，也是托了馬鈴薯泥技能的福。

招牌技能應該存在於你感興趣的領域，這樣才容易掌握，讓同事、客戶和朋友受益。這項技能還應當在公司裡獨一無二。如果我在一家科技公司工作，而不是在銀行工作，那麼C++的知識就不可能是我的招牌技能，因為其他同事也會寫程式。就像侯布雄的馬鈴薯泥，**你的招牌技能可以是一個簡單、能快速掌握的小技能，但最好對很多人都適用，包括高層**。

新型社群媒體APP不斷出現，你可以去了解它們的使用方式和演算法，教朋友和同事上手，這麼一來，對此感興趣的高層就會找到你。但如果周圍的許多人都掌握了這項技能，那它就不再是你的招牌技能。多多關注新趨勢，其中很可能就有你的下一個馬鈴薯泥。

08 橘色

剛進入職場時，我去參加過某個活動，在活動上，有人介紹我認識一家小型房地產公司的老闆馬丁（Martin）。這是我這三年來第三次見到他，但他完全不記得我，即使剛剛介紹過，他也不在意我這個人的存在。對於沒有精英背景的小人物，他的態度看起來有點倨傲。

儘管我不喜歡馬丁的態度，但我也不怪他記不得我。人們有很多重要的事情要記，記不得名字、認不得許多張臉也很正常。為什麼他一定要記住我這個樣貌一般的普通人？我當年只是個資歷尚淺的銀行員工，沒有人脈和資本。

不僅馬丁如此健忘。我在求學時期和工作初期，大多都是我能記得別人，別人卻往往對我沒印象。這種情況在我開始幾乎每天都穿同樣顏色的衣服後，才慢慢發生變化。我上班都穿白襯衫、藍西裝。起初，我這樣穿並不是為了引人注目，純粹是為了方便；不過後來我一直如此，才發現一致的穿衣風格，有助於讓別人記住我。

幾年前，我剛從香港搬回新加坡時，常約朋友、客戶和前同事去一家咖啡廳聚會。那家咖啡廳位於核心商業區，就在萊佛士坊地鐵站[1]上面。第一次去時，我與咖啡廳店長戴瑞（Daryl）簡短聊了幾句，誇讚咖啡廳很獨特，三面都是玻璃牆，顧客可以看到外面環繞的綠地及辦公大廈等。一週後我又去了那裡，戴瑞打招呼道：「嗨，文才！」他竟然記得我的名字，這讓我很驚喜。我們上次很簡短的閒聊可能起了點作用，但是戴瑞每天要和數百位顧客寒暄，他會記得我，更有可能是因為我兩次都穿著我的招牌服裝——白襯衫、藍西裝。

如今，我把西裝襯衫的搭配當成個人品牌形象的一部分，這個搭配深植人心，以至於人們偶爾看到我穿不一樣的衣服，還會感到吃驚。有一次我碰見一位前同事，我們剛聊沒幾句，他就問：「你今天怎麼沒穿藍西裝？」這讓我想到，**想打造個人品牌、讓別人記住你，需要做到始終如一。你不能指望別人記住你，尤其是在社交場合**，每個人都在盡可能多見人，越多越好。你需要想辦法讓他們記住你，所以，**你要與眾不同，並且保持一致！**

一件特別的服飾，比如女生佩戴一件抓人眼球的飾品，男生繫一條引人注目的領帶，都可以強化個人品牌特徵，讓你在人群中更易被識別。我一直喜歡橘色，而現在，橘色已經逐漸成為我個人品牌的一部分。

有一次我要參加一場社交活動，想在衣服上搭配一點橘色，就向前同事湯仲謀求助。他是一位藝術推廣人，非常有創意，也是一位負責海運業的資深銀行家。他用自己的縫紉機幫我縫了一塊西裝方巾，一邊是純橘色，另一邊是荷蘭畫家蒙德里安（Piet Mondrian）的主色方塊設計。這塊方巾插在西裝左胸口袋，看起來特別醒目，活力十足。

除此之外，我還製作了很多橘色物品。我創辦的公司 LOGO 是橘色，名片採用了橘色，我還訂購多支橘色圓珠筆，上面印有我的電子郵件地址，如果客戶開會時忘記帶筆，我就送給他們一支。

個人品牌的一致性不僅展現在視覺元素上，還呈現在與你相關的內容上。在過去幾年，我的演講都是以職業規畫和人生技能為主。儘管也會有人請我分享投行業務相關知識，但我不願意在演講時談論投行業務，因為我希望「職業規畫和人生技能的演講者」可以成為我個人品牌的一部分。

在一致性這一點上，我已經做到極致：旅行時，我都住在同一家連鎖酒店；無論住在哪個城市，我都會購買同一品牌的汽車。

建立強大而一致的個人品牌（不限於你的服裝、喜歡的顏色或愛談論的話題），有助於讓人們了解你是誰、你的個性主張。另外，除了線下，我們還必須在網路上，尤其是在社群媒體上樹立良好的個人品牌形象。

（掃描 QR Code，可以看到那塊蒙德里安設計感的方巾。）

1. 編按：位於新加坡中區，鄰近魚尾獅公園。

09 增強網路存在感

在閱讀這則文章之前，希望你先在谷歌（Google）上搜尋一下自己的名字加上公司或大學名稱。例如，我就會搜尋「Eric Sim Institute of Life」。你搜尋結果的第一頁第一條是什麼？如果你有 LinkedIn 帳號，我敢打賭，是你的 LinkedIn 個人簡介。

透過這個簡單的小練習，我們可以看出，即使你在 LinkedIn 上還不是很活躍，但該平臺的重要性仍然不容小覷。那些將對你的職業生涯造成重大影響的人，像是招聘經理、人資部門（HR）、同事、客戶等，他們在親眼見到你之前，就會根據你的帳號形成第一印象。

因此，**你不應該將 LinkedIn 視為找工作時才有用處的線上履歷，其實，這個平臺也是自我發展的寶貴工具**。它可以幫助你建立個人品牌，將工作之外的興趣納入其中，並將你的人際網路擴展到公司之外。讓我舉四個例子，來說明 LinkedIn 的力量。

比爾（Bill）是一位中階金融專業人士，我們透過一個前同事而認識。他當年以全班第一的成績畢業，我認識他時，他已經在新加坡一家小型資產管理公司工作了七年。比爾想出人頭地，請我給他點建議。

他還告訴我，他很喜歡指導和幫助大學在校生，還會自己錄製 YouTube 教學影片，但是流量不高。因此，我建議他把影片上傳到 LinkedIn 上頭，因為這種內容是 LinkedIn 用戶比較感興趣的。

比爾一開始有點懷疑，但他還是更新了頭銜跟簡介，展示他對輔導大學生的興趣。之後，他開始定期上傳影片，並和其他用戶的相關貼文互動，結果，在不到一個月的時間，香港的一所大學的職業發展中心就透過 LinkedIn 找到他，請他擔任學生的職業顧問。

LinkedIn 的威力不僅於此。約一年後，他告訴我，他得到一家一流國際銀行基金經理的職位。他說，都是因為他曾經輔導別人進行職業規畫，才能成功拿下這份理想工作。我有點不解，於是他解釋了事情經過。

這家公司的部門主管想招聘一名能夠培訓初階員工的基金經理，而比爾此前兼任大學職業顧問的經歷，就清楚證明了他喜歡輔導別人。

比爾認為，作為基金經理，其他應聘者的經驗比他豐富，而且他們都來自規模較大的金融機構，但是沒有人表現出對培訓年輕人的真實興趣。比爾當初在社群媒體上發布關於職業發展建議的影片，讓他獲得了理想職位。

所以，**你也可以積極的在社群媒體上展示你的興趣**，讓自己與眾不同、脫穎而出。

第二個案例是我的一位關注者夢竹。在讀過幾篇我的文章後，夢竹認識了 LinkedIn 的威力。她在企業策略和科技領域工作過幾年，現在希望能朝管理諮詢的方向邁進。她利用這個平臺做功課，看看管理諮詢公司都在找什麼樣的人才，並去發展那些技能；只要一學到新的技能，她就會修改簡介。

不到一年，就有全球領先的管理諮詢公司 HR，在 LinkedIn 上搜尋關鍵字找人才，找到了夢竹，並請她來面試。最後，她獲得了她夢寐以求的職位。由此可知，**我們必須先知道目標公司需要的技巧和搜尋的關鍵字是什麼，再根據那些資訊來精進自己**。

我再來講講大學生丁士釗的故事。他出生在中國，十六歲時移居新加坡。剛到新加坡時，他非常努力學習英文，英文程度也逐漸提升。有一次，他來參加我的大學講座，與他交談時，我發現他對自己的英文能力仍然缺乏信心。

我鼓勵小丁大膽一點，在 LinkedIn 上寫一篇英文文章，內容可以是他擅長的領域，比如與中國文化有關的內容。

於是，小丁發表了一篇文章：「在中國做生意一定要知道的九件事」，裡面包含了很多小訣竅，像是中國最好用的行動支付 APP，還有飯局上的賓主座位安排。可惜的是，雖然這篇文章內容很好，但讀者反響平平，讓小丁很失望。

我告訴他要持之以恆，在 LinkedIn 上成為「在中國和新加坡之間建立聯繫」的人。幾個月後，他所在的大學看到他當初寫的那篇文章，就其生活背景和職業抱負採訪他，並將採訪刊在校園網站上。小丁由此從一個害羞、對英文沒自信的年輕人，成長為被大學認可的學生。在網路上發表第一篇文章，只是一個小小的行動，卻大大增強了他的信心。

現在，小丁可以繼續利用 LinkedIn 發揮自己的優勢，進入職場時，他得以進一步樹立自己作為「中新文化交流的橋梁」這個獨特的個人品牌形象。

不用本名，讓你錯過夢幻工作機會

我的一個朋友入職一家頂尖的國際投資銀行，擔任 TMT（按：科技、媒體、娛樂及電信）的副組長。他在招募團隊成員時，有一個初階分析師的職位，問我有沒有合適的人選可以推薦。這家銀行的薪資待遇不錯，福利也很好，是很多商學院學生心中的夢幻公司。

我認識一位很有才華的年輕人，名字叫徐越強，很適合這個崗位。他聽過我在北京一所大學的演講，我估計他應該很快就能取得金融碩士學位。

因此，我想先問問他找到工作了沒，但不管我在手機上怎麼找，都找不到他的名字。我清楚記得自己有加他的聯繫方式，但我的手機上有超過五千個連絡人，無法逐一查看。後來，我想起另一所大學的學生，她非常會做簡報，可能也適合這份工作；於是，我聯絡上這位學生，將她推薦給朋友，她參加面試後，一週就獲得了這份工作。

兩個月後，我突然想起來，徐越強在社群軟體上使用的名字不是徐越強，而是「一片海」。認識他的那一天，我一講完課，就有好幾位學生向我要聯繫方式，我才剛把手機拿出來，學生們就一擁而上的掃了 QR Code 添加好友，當時我來不及備註名字。

徐越強至今還不知道自己錯過了一個很好的工作機會，更不知道原因是自己在社群軟體上沒用本名。

如果你想讓別人更容易記住你，要用本名，最好也用本人的照片當成大頭貼。資深專業人士的聯絡人較多，填寫真實個人資料，能讓他們在長長的名單中更容易找到你，你也會給人留下比較值得信賴的印象。

無數人利用社群媒體讓自己的生活發生了巨大改變，比爾、夢竹、丁士釗、徐越強，只是其中幾個。前面三個人起初都不願意把自己的觀點放在網路上，但現在都很慶幸自己當初勇敢踏出第一步，因為和我一樣，他們看到了 LinkedIn 真實的影響力。

我希望你也能充分利用社群媒體的力量。接下來，我將針對如何利用 LinkedIn 提供一些建議，包括如何撰寫有影響力的文章。

10 用同一張大頭照

你的內部品牌形象，基本上就是公司裡的人對你的看法，通常在你工作的第一年就已經形成。不管你的同事最初認為你是足智多謀、富有創意，還是效率低下、無才無能，印象一旦形成就很難改變。在日常工作中，如果幾乎無法提升自己的內部品牌形象，那麼，有策略的使用社群媒體改變外部品牌形象，你仍然有機會改變你的內部品牌形象，尤其是透過LinkedIn。

有一次，我和老闆一起去開會，對方是一個很重要的客戶，其公司正計畫在交易所上市。老闆知道這位客戶很敬重大學老師，所以他把我介紹為「沈教授」。當時，客戶笑了，因為他覺得一位資深銀行家根本沒有時間和意願去教書。於是，老闆立馬讓我拿出我在大學兼職的名片。我很驚訝，老闆那麼殫精竭慮的跑業務，卻還記得我的副業，甚至想到要用這個頭銜向客戶介紹我。這表明，透過LinkedIn的宣傳，即使是公司外的活動，也可以在公司內部影響個人品牌形象。

前面提到，LinkedIn可以改變你的職業發展軌跡，它是建立外部和內部品牌形象的完美工具。例如，你在工作之外做了一次成功的演講，就可以發布相關訊息，提升自己的外部形象。在LinkedIn上關注你的同事得知後，對你的印象也可能有所改變，你在公司內部的品牌形象就會提升。

不過，不要只制定單一平臺的社群媒體經營策略，應該更加全面。以下是職業人士利用社群媒體的三個小策略：

1. 策略一：選擇一個平臺作為引擎，推動其他渠道：

你可以把 LinkedIn 想成是驅動你的品牌的主引擎，在這個平臺上，你可以寫比較長、比較需要思考與批判的文章，這種文章可以幫你獲得大眾的認可和關注。所以，找到讀者可能感興趣的話題後，先把文章發在 LinkedIn 上，再轉發到其他社群平臺，因為工作和商業機會可能來自任何平臺。

在二〇一六年，我成為香港一所大學的講師，這全都是因為一位花旗銀行（Citibank）的前同事，看到我轉發到臉書（Facebook）的貼文，講述我在劍橋大學演講的經驗。她聯繫了我，說她有一位教授朋友在找懂得教課的金融專業人士。很快的，我就和那位教授一起喝了咖啡，接下來，我就被聘為兼職副教授，在香港教授金融學。

2. 策略二：在各個平臺的形象保持一致：在生活中，保持個人品牌形象的一致很有必要。在社群網路上，你在各個平臺的形象也應該保持一致。有些人可能會在 LinkedIn 上放證件照，但在 Instagram 上使用的照片卻十分隨意，這種情況很常見。如果你確實想快速樹立辨識度高、一以貫之的個人品牌形象，我建議你在工作履歷和社群媒體的個人資料中使用相同的高品質職業照。

不管是在LinkedIn、LINE、Instagram、X（按：前身為推特〔Twitter〕）、臉書或WhatsApp上，我使用的頭銜都是「銀行專家、導師、演講者、作者」。這麼一來，當對話從LinkedIn轉到LINE時，對方不用疑惑是否還在跟同一個人交流。

保持一致性還有一個好處。工作和生活之間的界限逐漸模糊，認識的人會在幾個不同的平臺上看到你。你的Instagram好友某天可能會成為你的同事，甚至上司，而你的客戶或主管也可能會在Instagram上追蹤你。同時，人力資源部和招聘經理可能會在面試前審查你網路上的所有資料，你應該在他們心中留下一致的印象。

3. 策略三：提供符合平臺特點的內容：雖然在社群媒體上保持形象一致很重要，但你仍需要根據每個平臺的調性來調整要發布的內容。以下是我調整內容的方法。

- **LinkedIn**：接下來的兩篇文章（第十一、第十二篇）皆專門討論LinkedIn，但簡而言之，你可以根據自身獨特優勢或職業身分來確定具體定位，然後圍繞人物策劃相關主題，提前準備圖文內容，在黃金時段（上午八點～九點／下午五點～六點）發布。文案的語言要專業，但也要讓其他行業的讀者容易理解；其次，要多與關注者互動，拉近彼此間的距離，了解他們希望讀到的內容。發布的內容篇幅長短皆可，最重要的是把故事講好，為讀者帶來價值。
- **臉書**：如果某個主題在LinkedIn上的反響很好，也與我的臉書好友相關，我可能會把文章發布到臉書上。但是，我不會在臉書上發布較具技術性的內容，最好縮短貼文長度，並使用更輕鬆的語氣。

- **Instagram：**Instagram上的文字應該更短（通常一、兩句話就足夠了），因為照片和影片才是焦點。如果我發在LinkedIn上的文章中，有值得發到Instagram上的精彩照片時，我會上傳。幾年前，我去巴林參加了CFA協會舉辦的活動並發表演講，我就有在Instagram上發布一些旅途上的有趣照片，並寫下一些和當地人互動的小訣竅，例如品嚐當地美食、參觀國家博物館。

另外，我也在LinkedIn上發表了關於同一個活動的文章，但是更長、也更正式，這麼做，是尊重這兩個社群平臺的「當地話」。

11 你是自己的出版商

十四歲那年，我考砸了一場重要的英語文學考試，滿分一百分的考卷，我只獲得二十八分，這嚴重打擊了我對寫作的信心。多年後，即使在大學裡成績不錯，我仍然覺得自己的寫作能力很差。

不過，儘管缺乏自信，我還是很想寫部落格，只是不知道該從哪裡開始。於是，我向認識的美食部落客請教，可是，她非但沒有鼓勵我、給我建議，只丟了一句：「用Wordpress。」並暗示我不是做這行的料。

我能理解她為什麼這麼想。雖然我本質上是個熱愛美食的人，但如果我寫美食文，會受到諸多限制，因為我不吃內臟、魚子醬及許多生食；如果寫時尚，我自己只穿白襯衫、藍西裝，讀者很快就會厭倦。朋友建議我專注於我的核心專長——金融和投資，但這可能與當時我在銀行的工作有衝突。而且那個時候，我完全不知道Wordpress是什麼，只好暫時收起了當部落客的野心。

好在我在網路上寫東西的想法從未完全消失。二〇一五年，我在香港過春節，剛好有點空檔，決定利用這段時間寫第一篇文章。光琢磨要寫些什麼就花了三天，我問自己：「社群媒體上還有什麼話題是別人沒寫過的？」大年初三那天，我終於寫出一篇文章，但因為對自己的英文能力感到懷疑，我反覆修改，等到鼓起勇氣點擊「發布」時，又開始擔心朋友和同事的看法。他們會嘲笑我嗎？

那篇文章的標題是：「我數學考試沒及格」（對，除了英語考試不及格之外，數學也名落孫山）。我在LinkedIn上的這篇處女作，收穫了一百次瀏覽數、七個按讚。我喜出望外，因為在學生時期，我寫的文章通常只有兩個人會看——我的老師和我自己，而且我們兩人都不喜歡我寫的東西！

在過去的幾年中，我的文章瀏覽量越來越高，按讚數也有所增加，事情開始有了變化。我的美國朋友戴安娜（Diana）曾在一家大型財經報紙擔任高級職務多年，最近她稱讚我，說我寫得很好。儘管不時收到類似的表揚，但十四歲那年英語文學考試不及格的陰影至今還困擾著我。不過，這也激勵我不斷改進與粉絲溝通的方式。寫了六年多的文章後，我意識到**社群媒體的讀者其實更關心我所寫的內容，而不是我的語言技巧**。所以，**即使語言不是你的強項，也不要讓它擋住你的腳步**。

如果你想嘗試寫作，那可以在你所在行業的專業期刊上發表文章，不過，在社群媒體上發表會更容易，還能讓你接觸更多受眾。

你可以選擇任何你認為合適的平臺。無論選擇什麼平臺，你都是自己的「出版商」，自行決定發布內容、發布時間。社群媒體上的內容怎樣才能吸引人？我累積了一些經驗和教訓，以下是我的五大祕訣。

1. 講述能夠普遍應用的個人故事：我們的大腦天生就喜歡聽故事，所以你在社群媒體上，也必須講故事。無論是灰姑娘的童話，還是電影《不可能的任務》（*Mission Impossible*），故事都要包含三個核心要素：背景、衝突、解決方案。故事不必太長。世界上公認的最短的故事，由恩斯特．海明威（Ernest Hemingway）所寫，只有九個字：「待售中：嬰兒鞋，沒穿過。」能讓讀者普遍應用的故事，比較容易引起廣泛共鳴。這是你個人的故事，沒有人會評判對錯。

2. 提供閱讀價值：搭飛機被升等到商務艙或頭等艙時，你可能很興奮，但這種內容對讀者並沒有多大幫助。想樹立你的個人品牌，你應該提供有價值的東西，而不僅是沒營養的基本事實。想寫剛剛在餐館吃到的美食，你可以進內場找廚師聊聊，拍幾張照片；想寫海外旅行經歷，你可以提起你遇到的當地人，說說他向你講解的當地習俗。

3. 給文章起一個好的開頭：微軟的一項研究顯示，社群媒體出現前，成年人的專注力平均持續時間是十二秒；到二〇一五年，時間降至八秒（聽說金魚的專注力是九秒）。所以，你要讓你的文章的第一句話就能吸引讀者的注意力。我寫過兩篇貼文，內容是新加坡一家街頭小吃攤獲得米其林星星的新聞。我發布的這兩則文章，中間只間隔了一天，而且兩則貼文內容相似，只有第一句話很不一樣。你更喜歡哪種介紹？

「祝賀陳翰銘師傅，他的油雞麵拿到米其林一星……」

「三十年來，他每週工作一百小時；過去八年，他的油雞麵才賣不到兩美元。」

第一則文章獲得七百個讚，在LinkedIn上已經算很多了，但第二則竟然有九萬個讚！這就是好開頭的影響力。

4. 多用對話形式：講故事時可以多用對話形式，會顯得更生活化，容易把讀者帶進場景。我在寫故事時，常常使用日常對話。一些讀者對我說，那些對話很生動，他們馬上就能對我所描述的環境和場景產生畫面感。下面的例子來自我的LinkedIn貼文，我用對話描述自己對香港一家飯店服務的印象。

當我走進飯店的貴賓休息室時，還沒坐下，服務生就過來問：「紅酒嗎？」

「好。」我回答，心裡感到既開心又意外。

「希哈？」[2]

「哇，你竟然還記得我昨天點的酒！」

然後，我描述了服務生沃倫（Warren）熱情開朗的性格、不厭其煩的工作態度，還有他最近剛從模里西斯共和國（Mauritius，印度洋上的群島國）來香港飯店工作的故事。這段對話讓讀者彷彿親臨現場，親耳聽見了這番對話一樣。

5. 在線下做些有意思的事情：如果不在現實生活中做些有意思的事情，就很難獲得具原創性又引人入勝的故事和圖片。只有不斷嘗試新事物，才能獲得新體驗、新想法，並將其發布到社群媒體上與別人分享。近年來，我經常與小店老闆聊天、聽他們的故事，也會參加攝影課程、試用新的APP。你也應該做些新嘗試，參與新活動，發表自己的原創內容。

對我來說，為社群媒體製作內容並不簡單，雖然我在這個過程中收穫了很多成功經驗，但也有很多失敗教訓。我接下來會分享，我是如何在LinkedIn上吸引粉絲的關注。

2. Shiraz，釀酒葡萄品種。

12 百萬粉絲，始於一個連結

在二〇二〇年，我被 LinkedIn 選入 LinkedIn 中國年度行家和「新加坡頂級之聲」（Singapore Top Voices）的行列。因推動有深度的職業發展話題探討而獲得認可，我感到很榮幸。

人們問我是怎麼做到的，我的第一個建議總是，粉絲的品質比數量更重要，而發布的內容品質更是建立粉絲基礎的關鍵。不過，除了專注於高品質的內容創作，還有一些方法能吸引更多人關注。以下是我的七條建議。

1. 評論別人的文章：我每看到一篇有趣的文章，就會試著留點有見地的評論，這往往會得到作者的回應，與作者的互動，又能被更多人看到；如果你的評論對其他讀者來說是受用的，他們也會關注你。

2. 不羞於談論自己的糗事：大多數社群媒體的文章，只展示了我們生活中積極的一面，但人生不如意事十之八九。發布一些示弱的內容，可以讓別人對我們產生共鳴，他們也會願意訴說自己的煩惱。

示弱讓人明白，人生不必追求完美，從而釋放部分壓力。把自己的糗事在社群媒體上公之於眾，會顯示你的真誠，讓你更容易與他人拉近距離。這種現象被稱為「出醜效應」（Pratfall effect），在一九六六年由社會心理學家艾略特・亞隆森（Elliot Aronson）提出，指能力出眾的人犯點小錯誤，不僅瑕不掩瑜，反而更討人喜歡。

3. 留心觀察：要吸引粉絲關注，你需要很多既新鮮又好玩的內容。有人問我，我為什麼有那麼多話題可寫，而且都是職業發展和人生技能相關的主題。答案是：**我經常觀察周邊環境。想到一個好點子時，就立刻記在手機上**。我的素材通常來自日常生活中遇到的人，比如我住在香港時的裁縫、去倫敦旅行時的導遊、新加坡濱海灣花園裡擺弄荷花的園丁。有時，我會在自家花園裡晃悠，從大自然中尋找靈感。如果你經常接觸人和大自然，一定可以找到有意思的內容，將其寫成文章，開闊粉絲的眼界和思路。

4. 經常參加活動並發言：我幾乎每個月都會接到在大會上演講的邀請。而我演講的最後一張幻燈片是我在社群媒體上的用戶名稱，方便參會者關注。我還會在會後把演講摘要發布到社群媒體上。每次活動結束後，我的粉絲數都會增長。如果你還沒有發表演講的機會，可以在學校或工作場所小試牛刀，組織活動，和同學、同事分享你的興趣、專業技能或其他你感興趣的話題。

5. 利用搜尋引擎最佳化你的線上個人資料：每次演講活動前，組織方通常會將我的個人履歷放到網站上，我會在提供的履歷中加上我的LinkedIn網址。多年來，我的LinkedIn網址出現在很多組織的網站上，包括有較高網站權重[3]的頂尖大學網站。搜尋引擎的演算法會發現，這些連結都指向我的LinkedIn個人頁面，而這有助於搜尋引擎最佳化[4]。人們一搜尋我的名字，這些資料就會出現在上方。

6. 參與線下社交活動：經常組織或參加社交活動，除了能提供發文素材，還能為讀者提供有價值的訊息。第一，你的粉絲可能對活動訊息感興趣；第二，你能吸引更多的粉絲關注。例如，我有時會組織一些線下活動，邀請經常與我互動、比較活躍的粉絲參加。我想認識他們，問問他們為什麼喜歡我的內容。

夏奇魯（Shakiru）是一名在倫敦工作的原油交易分析師，他從我發布第一篇LinkedIn文章就開始關注我了。那時，我只有幾百個粉絲。之後，我每次去倫敦出差都會邀請夏奇魯參加不同社交場合，把他介紹給我在倫敦的其他朋友。這樣的見面大大鞏固了我們之間的關係。

7. 像竹子那樣生長：有位科技雜誌的記者曾經問我，我的粉絲數是呈線性增長還是指數增長，答案是後者。起初粉絲數成長得非常緩慢，但我仍然保持寫文章的熱情。像夏奇魯這樣的讀者是我的粉絲基礎，他們閱讀我的文章後會留言互動，不僅幫助我提升自己的寫作技巧，也了開拓我的視野。粉絲量的增長就像竹子一樣。我在花園裡種了幾根竹子，在種下後的第一年內，它們一點動靜也沒有，但在那之後，卻又突然增長，幾週內就長了幾公尺高。

千里之行始於足下，百萬粉絲始於一連。

---

3. domain authority，搜尋引擎對一個網站的評價指標。

4. SEO，透過了解搜尋引擎的運作規則來調整網站，提高目的網站在有關搜尋引擎內排名。

第　三　章

有了社會資本，再也不用投履歷

什麼是社會資本

我職業生涯的第一階段還算不錯，但也沒什麼特別值得驕傲的事情。後來有一天，一位前同事打電話問我想不想換工作，他的主管在招人，而我的條件剛好符合。我當然很感興趣，對方的公司是世界知名的金融機構，那是一份我夢寐以求的工作。後來，我得到那個職位，在這家美資銀行工作了八年，在亞洲各地的不同部門輪調。**從那以後，我再也沒有透過求職廣告應聘過新工作，我的所有新職位都是別人推薦的**，無論銀行還是在大學教書的職位。

我的好運氣，要歸功於我多年來與人打交道時積累的社會資本。**社會資本是你在與他人的交往中逐漸建立的良好意願**，它的原理有點像在銀行存錢，看著存款增長。每次你對某人表達好意或提供幫助，都會增加一點社會資本。

如果你以後打算自己創業，社會資本也會發揮很重要的作用，最先購買產品的前五十名客戶，可能是與你打過交道的人，你在他們那裡積累了一定的社會資本。我的前同事陳貽福在工作中很支持我。最近他告訴我，他的太太開始做茶葉生意了，我立刻買了一盒上等福建安溪鐵觀音，幫忙測試他們的線上訂購和付款系統。我衷心希望他們的生意能有一個好的開始。

如何開始積累社會資本？與人相處時慷慨大方、尊重他人，盼望他們未來會飛黃騰達；哪怕是分外之事，也不怕麻煩的幫助客戶；還有一些小事，比如幫同事買午餐這種舉手之勞，也可以增加你的社會資本。

當然，不要指望你幫助過的人都會回報你，也不要期望在短期內受益，要為十年、十五年甚至二十年後的自己累積資源，等待若干年後，還有人記得你的好意，為你打開一扇門或助你度過難關。如果沒有積累社會資本，你可能不知道還有一扇門在那裡。

13 和常去的餐廳變熟識

有一次，我和ＫＫ在「福臨門」餐廳請客戶吃飯。ＫＫ是我的同事、也是前輩，當時負責銀行在香港的金融產品銷售。福臨門是香港灣仔區的一家粵式餐廳，氛圍既華麗又溫馨。我們一邊喝茶，一邊等待客戶前來共進午餐。

這時，ＫＫ的手機響了，是另一家餐廳富臨飯店的經理打來的。富臨飯店是一家米其林餐廳，鮑魚非常出色。富臨飯店的經理認識ＫＫ，特意打來電話告訴他，我們的客戶已經到了。這讓ＫＫ感到不解，因為他沒有在富臨飯店訂位。他很快明白，因為富臨和福臨門的粵語發音相近，看來是客戶去錯了地方！我們馬上離開「對的餐廳」，衝到「錯的餐廳」。好在兩家之間的車程只有九分鐘。

富臨飯店經理的處理方式，給我留下了深刻的印象。客戶出現時，他禮貌的把他們帶到一張餐桌，請他們先坐下來，沒有告訴他們餐廳沒接到ＫＫ的預訂。經理猜測ＫＫ忘了預訂，不想告訴客戶，以免讓他難堪。他有ＫＫ的電話號碼，所以客人一落座，他就打電話來。為什麼經理不怕麻煩，盡力讓ＫＫ和客戶都滿意？這是因為ＫＫ與他的關係很好，而這個關係是ＫＫ多年來經常光顧富臨飯店建立而成的。

我和 KK 及時趕到了富臨飯店，客戶弄錯餐廳及經理的救場，成了我們的笑點和談資，這頓午餐因此開了個好頭。這次的經歷讓我意識到與經常光顧的餐廳建立良好關係的重要性，也讓我看到 KK 建立和維護人際關係的出色能力。

認識廚師的好處

我馬上開始效法 KK，每個月都去同一家餐廳吃上好幾次飯，結識那裡的主廚、經理和服務生。一個週末，我和家人外出就餐，偶然發現了一家「友和料理店」，離富臨飯店不遠。這家日本餐廳有我嚐過最好吃的壽司。我頭兩次去這家店用餐時，和壽司師傅聊了很多，後來我再去時，他已經知道我的口味偏好，我甚至不必看菜單點餐了。我很喜歡用噴火槍燒烤魚片的炙燒壽司，所以每次去店裡時，師傅給我上了一份沙拉和幾塊生魚片後，就會細心準備炙燒壽司，一碟接一碟輪番端上來。

熟識這家餐廳的工作人員後，我便帶著同事和朋友前來品嚐，讓他們也有特別的新體驗。有一次，我請一位來自印度的同事一起去友和吃飯。知道他只吃素食後，我發訊息給壽司師傅，詢問他能不能做些素的壽司。他說：「可以，沒問題！」那天，他為我們準備的午餐非常完美，印度同事此前幾乎沒吃過壽司，但之後很快就成了這家餐廳的常客。

一週後，我又帶一位朋友去這家餐廳。我們坐在壽司吧檯邊，可以近距離看到擺放在玻璃冰櫃裡的各種生魚塊。我請朋友選魚。他指了指一塊鮪魚，這時，壽司師傅對他說：「您是沈先生的朋友，我給您推薦一條更好的。」他從壽司櫃檯下的冰箱裡，拿出一塊超高檔的鮪魚，讓朋友非常高興。這就是認識廚師的好處啊！

不去高級餐廳，道地小吃攤更加分

要滿足同事、朋友和客戶的飲食口味，也不必非帶他們去友和料理店或富臨飯店這種高檔餐廳。我的一個客戶是一家大型國際地產公司的ＣＦＯ，他是日本人，從東京到新加坡出差。我特意飛到新加坡來見他，與他共進晚餐。我猜他去過新加坡的許多高級餐廳，而且，從我們郵件往來之中可以得知，他想嚐嚐有當地特色的美食。於是，我帶他去一個我很熟悉的路邊海鮮攤，那裡沒冷氣，卻有非常美味的螃蟹米粉。那天晚上客戶很開心，事後他從日本寄了一封感謝信給我，大致內容如下：

尊敬的沈文才先生：

在我最近訪問新加坡期間，你帶我去了那家當地的海鮮餐廳，對此安排我由衷向你表示感謝。謝謝你總是帶我去各種不同的好地方。你選擇的菜總是很好吃，我非常喜歡。我希望能夠維持並提升我們的業務關係。

我在經常出差去的城市，都有兩、三家會固定光顧的餐館。你也可以這樣。不一定要去昂貴的場所，**如果餐館規模很大、顧客太多，那店員可能很快就會忘記你。要訣是找到一些有特點的小餐館，在這裡你比較容易與經理、店長或廚師交談**。時間久了，你就可以與他們建立融洽的關係。不要只和他們聊美食，也可以介紹一些關於你的情況，就像在其他場合介紹自己一樣，這樣他們比較容易記住你，以便下次交流。

熟悉餐廳的餐點也很重要，這樣你就可以毫無紕漏的為客人推薦合適的菜式。當然，在決定帶客人去哪家餐館前，你應該先了解客人的口味和偏好。像我有預先得知那位日本CFO願意嚐鮮，也知道我的許多印度朋友是素食主義者。

我們通常不會太在意外出用餐這種事情，尤其是商業飯局。為了省事，你可能會帶著海外同事或重要客戶去一家自己從沒去過的餐廳，就因為這家店位置便利，或是因為網站設計得很精美、線上好評多。但到了店裡，你很可能會發現，經理不能安排一個好位置給自己、服務生面無表情、不知道該點什麼菜，而且廚師也絕不會做菜單上沒有的菜餚。

如果有幾家熟悉的餐廳，既認識他們的員工、也了解他們的菜式，你的客戶、同事或其他合作夥伴，都會有更美好的感受，那他們就會記住這次用餐體驗，並將你這個人與這次愉快經歷聯繫在一起，你們的關係便能更進一步。

14 人的舌頭，充滿了記憶

如果你經常去海外出差，或者在一家員工文化背景多元的公司工作，那麼，對不同文化的好奇心是你成功的一大關鍵。我認識一些學識淵博的人，他們都對很多國家及其文化有很深的了解，我在這一方面與他們相差甚遠。但我對不同文化懷有強烈的好奇心，每次遇到外國人，都很想了解他們的文化。

有什麼培養文化好奇心的方式？從書中獲取知識當然不錯，但它是單向的。如果你將理論研究得太深入，就可能僅因國籍而對人形成刻板印象，忽視其他塑造個性的因素，如人生經歷、性別和興趣愛好等。

想透過了解當地飲食，培養對不同文化的好奇心，你可以在品嚐當地菜餚時，與主人圍繞美食展開話題，引申到當地歷史和文化等更廣泛的主題。如果有人到訪新加坡或香港，向我問起當地街邊小吃的口味和淵源，我們的談話氣氛肯定會立刻變得輕鬆又活潑。

當然，如果吃幾次當地特色菜就以為了解了當地的文化，那就太天真了，但這無疑可以幫你輕鬆建立新的人際關係。

每次出差見銀行的客戶，我都會住飯店。雖然在飯店裡用餐可以報銷，但是我更願意花自己的錢去吃小吃。

去臺北出差時，我會住在信義區的飯店。如果不跟客戶一起吃，早餐我會去買蛋餅和豆漿，午餐會找臺灣同事一起去忠孝東路吃碗擔仔麵或滷肉飯。

去香港出差的話，我不會住在中環而是住在灣仔，這裡方便走去附近的小店鋪吃碟腸粉或豉油皇炒麵。

吃這些簡單樸實的街坊小吃，不只味道讓人回味無窮，同時也是與同事或客戶聊天時的好話題。

蘋果公司CEO提姆．庫克（Tim Cook）也深知這個道理。在一次亞洲行，他特意品嘗了所到之處的各種美食，還在社群媒體上發布了他的經歷。在泰國，他和兩位美食部落客一起在街頭品嘗最美味的小吃，包括被他描述為「令人驚嘆」的蟹肉煎蛋捲。

在日本，他與著名創作歌手、演員星野源見面，在社群媒體上說他特別喜歡和他們一起喝酒的那間居酒屋。到了新加坡，庫克在兩名iPhone攝影師的帶領下，參觀了歷史悠久的中峇魯[1]，又去當地的小販中心[2]吃了新加坡華人早餐——水粿和菜頭粿。

庫克在社群媒體上感謝他們傳達對中峇魯「豐富的文化遺產」的熱愛，還貼出了自己享受

1. 編按：位於新加坡中部，為新加坡最古老的住宅區。
2. 編按：政府興建的室外開放式飲食集中地。

小吃時的照片。這位世界上最有價值公司之一的CEO，在街邊享用當地美食的照片被廣為轉發，也在當地社區引起轟動。

簡單小吃，就能建立一段友誼

我第一次去紐約出差時，航班很晚才抵達。我到距離中央火車站不遠的酒店辦理入住後，走出酒店去附近尋找熱狗攤。我在很多電影裡，都看到人們吃著紐約著名熱狗的場面，很想親自去嚐嚐。那是一個寒冷的春夜，法蘭克福香腸、醬汁、炸洋蔥還有柔軟的白麵包，那味道簡直無與倫比。那是我那次旅行中最美味的一餐。

那個夜晚的熱狗讓我想起出生於紐約的前美國國務卿柯林．鮑威爾（Colin Powell）的「熱狗外交」。他的著作《致勝領導》（*It Worked for Me*）中寫道：

「『熱狗外交』可能不那麼驚天動地，但是它讓兩個人建立起了一種人與人之間的親切友誼，而且這種情感能幫助我們維持一種正式聯繫，無論雙方關係是好是壞。」[3]

鮑威爾說的是，即使在風雲變幻的國際外交中，你也可以透過街頭小吃這樣簡單而尋常的東西，與另一個人建立社會資本。我在自己的職業生涯中也是這麼做。

最好的破冰方式——談論食物

我第一次去印度出差前，大家建議我在那裡只喝瓶裝水，不要吃水果、沙拉和優格。但是我到那裡後，發現新德里（按：印度首都）的食物太好吃了。幾個月後，我又去印度出差，這次是去邦加羅爾（Bangalore），我不理會朋友的建議，嚐了很多印度菜。印度奶油咖哩雞太美味了。

我很渴望嘗試更多的印度美食，東道主見此與我一拍即合。我聽說印度有很多香料，而且香料在印度飲食文化中起了很大的作用，我們就漫無邊際的大談特談起來。

無論在餐館裡，還是在數百名觀眾面前，談論食物都是一種極好的破冰方式。當談話轉到其他話題上時，人們會更加專心的傾聽你的觀點，因為你與他們建立了融洽的關係。

第一次去中東巴林演講，我提前一天到，把行李放到飯店房間後就請計程車司機帶我去吃當地人最常吃的飯菜。第二天演講時，我用這個小小的「探險」作為開場白。一位觀眾給了這樣的反饋：「沈老師在演講的一開始，說他到這座城市的第一天，就去了當地一家很有名的烤雞香料飯餐館，有趣又溫暖。他講的故事和拍的照片，立刻讓大家對他產生好感，吸引大家聆

3. Powell, C., & Koltz, T. (2014). It Worked for Me: In Life and Leadership. New York: Harper Perennial.

聽他之後要講的內容。」

另外，人類的舌頭是有「記憶」的。你小時候吃什麼、不吃什麼，往往會決定餘生的口味。飲食偏好很難改變，也會傳給下一代。探尋另一個國家食物的起源，可以加深我們對這個國家文化的了解。

如果你去一家韓國餐館，可能會在菜單上發現一道菜叫鍋巴。如今廚師會故意把米飯燒得焦一點，讓鍋巴有酥脆的口感和堅果的味道。這種鍋巴你既可以直接吃，也可以泡在湯或茶中享用。問起這道菜的淵源，你會發現在現代電鍋普及之前，人們都是用灶鍋煮米飯的。過去經濟不太發達，糧食短缺，人們會珍惜每一粒米，包括鍋底的鍋巴。廚師們會把有點焦的鍋巴鏟下來，當成另一道餐點，而吃鍋巴的傳統就這樣一代代傳承了下來。時代變了，韓國大米不再短缺，但舌尖上的記憶依然存在。

到新加坡、馬來西亞和印度尼西亞旅遊的人，經常對「娘惹文化」感到好奇。十五世紀後，來自中國的移民與當地居民結婚，其後裔被稱為「娘惹」。他們的文化經歷史變遷而變得繁複多樣，涵蓋語言、服裝、建築風格等諸多方面。想要透過一次短暫的旅行了解娘惹文化及其傳統，是不可能的，但至少可以嚐嚐他們的食物，獲得一些初步認識。如果你在新加坡來一次娘惹食物之旅，肯定會對這個島國的歷史有很多發現。

雖然只是吃飯、閒聊等小事，但借助食物表達對不同文化的好奇，確實是了解一個國家及其文化遺產的途徑。食物，尤其是世世代代以同樣方式製作的正宗街頭小吃，展現了一種文化精髓。

品嚐和分享美食總是讓人身心愉快，在國外品嚐當地菜餚，也能讓你與外國朋友、同事和客戶建立更密切的關係。外國人不會期待我們了解他們的所有文化，但看到我們愛吃當地食物，肯定會很高興。

15 建立高品質的人脈

在生活中，人際關係可以被分為三類：一、親朋好友；二、泛泛之交；三、高品質聯絡人。在情緒低落時，你需要親人和朋友的支持，讓自己重新振作起來；當他們需要你時，你也應該給予他們支持。但在職業生涯中，第一類人可能對你幫助不大。如果你現在二十多歲，那麼你最好的朋友可能也在尋找類似的職缺，或是在你不感興趣的行業工作。泛泛之交是你認識的人，也許是鄰居，也許是同一個健身房裡的會員。你可能在社群媒體上與他們有聯繫，但很少與他們討論深刻的話題。

相比之下，第三類人——高品質聯絡人，更有機會跟你談論一些有意思的話題。你不必和他們有很親密的來往，他們也不介意你不知道他們的生日，但他們可以激勵你，幫助你拓寬職業視野。他們可以是資深專家或成功人士，但也不一定。我自己已經不再關注人的資歷，而是嘗試與來自不同行業和國家、能給我帶來啟發的人建立聯繫，他們熱愛生活，擁有與我相得益彰的才能。

有一次，我突然收到名叫約翰（John）的美國小夥子來信。他從上海同濟大學碩士畢業後，在上海的一家證券公司工作：

親愛的沈先生，希望您一切都好。我關注您的LinkedIn已經有一段時間了。您發布的內容很有趣，訊息很豐富。我能看出您熱衷於幫助和輔導年輕一代。作為其中一員，我很感激。我看到您幾週後要來上海、在一場數位行銷大會上發表演講的消息……。

約翰在信中問我是否可以和他一起喝杯咖啡，給他一些職業上的建議。我不得不婉拒，因為我在上海的行程安排得太滿了。但約翰並沒有因為無法與我單獨見面而感到沮喪，他寫了一封真誠的回信，感謝我回覆他，並對我沒有時間見他表示理解。讀完他的回信，我邀請他來聽我的演講。他為此請假來現場。

演講結束後，約翰看到有一群觀眾在臺下圍著我問問題，便也湊過來自我介紹，於是我們認識了。

如果你想結識新的人，特別是那些很受歡迎卻時間有限的專業人士，你要有心理準備，剛開始你有可能會被拒絕，就像約翰那樣。不過**碰釘子也沒關係，不要輕言放棄，追著再寫一封禮貌的回信，調整你的計畫以適應對方的安排，這樣就增加了見面的可能性**。

我現在和約翰還有聯繫嗎？有的，他時不時會來當我的助教。有時我在北京或香港的大學講一天課，約翰會自費買機票從上海飛來，和我的學生談談他作為金融專業的外國人，在中國的工作經歷。約翰在我的課上一般只講幾分鐘，他想方設法讓我成為他的高品質連絡人。雖然我也可以請別的年輕人，但我往往會選擇約翰，因為他很積極、很主動。他願意隨時登上飛機，只為當我的助手，這表明他的真誠。約翰後來在社群媒體上發布了以下文字（有刪節）：

你很少會遇到能改變你人生的人，但就在三年前的今天，我遇到了沈先生。我只想向沈文才先生表達我的一點感激之情，感謝他多年來為我所做的一切，感謝他讓我的人生變得更好。他教我如何樹立個人品牌，鼓勵我在社群媒體上寫文章，帶我去亞洲頂尖的大學演講，給我上了許多人生之課……可以說，他對我的影響相當巨大。如果沒有他，我就不會有今天。

約翰的堅持得到了回報。但堅定的決心並不是建立、維持高品質關係的唯一重要因素，你還需要考慮以下問題：

1. 找找自己的不同之處：你應該瞄準那些可能覺得你與眾不同的人。如果你是剛工作不久的亞洲人，不要害怕與來自歐洲、經驗豐富的職業人士接觸。你不必對所有人而言都是獨一無二的，你想聯繫的人認為你獨一無二即可，比如在年齡、地理位置或才能等方面，具備獨特之處。

2. 不一定非要面對面交流：雖然面對面交流的溝通效果很好，但我已經成功與幾位素未謀面的高品質連絡人展開合作。泰迪（Teddy）是一位在越南工作的網站設計師，他為我提供服務，幫助我建立了公司網站。與他多次溝通後我才聘用他，他也將工作完成得非常出色，網站現在運行得很順利；在日內瓦工作的莉莎（Lisa）也多次幫助我主持線上活動。我到現在都還沒見過他們本人。

3. 首次接觸時，訊息要有針對性：在網路上首次與別人聯繫時，不要讓你的訊息看起來像是用某個模板複製貼上的（像罐頭訊息）。你要根據個人情況，寫些不同的內容，例如你讀了對方的文章後產生的共鳴，這會增加得到對方回應的機會。

4. 不要害怕被拒絕：即使你多次聯繫對方，你也可能會被拒絕或忽視。不要讓這種經歷影響你，繼續聯繫其他高品質連絡人。九〇%的人可能會拒絕你，那你就更應該堅持到底，繼續接觸另外一〇%的人，將他們發展成高品質連絡人。你不要以為只要自己有了資歷，發出邀請就會有人想和自己合作。事實並非如此。即使是現在，也有一些年輕人懶得理我。可見，遭到拒絕很正常。

5. 積極做人際關係樞紐：結識高品質連絡人後，請與這些得之不易的連絡人保持一定的親密度。其中一種方法是擔任人際關係樞紐，介紹他們互相認識，他們也可能將你介紹給別人。但是，不要為別人介紹同行。我自己是一名培訓師，我的新連絡人經常想把我介紹給他們認識的培訓師，但我不太感興趣，因為我在這個領域已有足夠豐富的才能和人脈。相反的，我們應該幫背景互補的人配對，如招聘經理和求職者、學生和職業人士。

6. 用有意思的內容與高品質連絡人互動：我發現，用高品質連絡人在社群媒體上發表的內容與他們互動，是維護高品質人脈的有效方法。我經常瀏覽他們的文章，並在互動區評論，表示我非常重視他們的觀點。在報刊上看到有意思的文章，我會分享網址給他們；看到與某人所從事的行業相關的線上活動，我也會把活動訊息發給他們。

建立和維護高品質的社會關係，需要與高品質連絡人保持互動。這種關係不可能是單向的。我是約翰的高品質連絡人，因為我可以傳授職場發展經驗和人生技能給他。他也是我的高品質聯絡人，因為透過他和他的朋友，我可以了解年輕人的想法、興趣和關心的話題。

我們在事業和生活中能否成長，取決於我們與誰打交道，這就是為什麼高品質的社會關係如此重要。幸運的是，社群媒體使我們能夠輕鬆發展、維持人脈。我們可以在網路上與來自不同國家和行業的人交流，進而豐富自己。就算從未和這些有過密切合作的人謀面，他們還是可以激勵我們，為我們提供建議、傳授新的技能和知識。

16 新人也能幫到你

黃浩哲在西班牙馬德里的一所商學院讀書，同時是學校金融俱樂部的活動負責人。他透過社群媒體找到我，請我為俱樂部成員舉辦講座，介紹找一份好工作需要具備哪些關鍵技能。我們在電話裡討論這個提議時，他對我說，這個線上活動能幫我打開歐洲市場，他也很願意在會後與我分享他的人脈。我以前從未在歐洲做過演講，他的提議吸引了我。他非常有頭腦，善於建立關係，能想到透過「增加價值」的方式來打動我。

黃浩哲做事非常認真。他問我，為了讓我不虛此行，他還可以做些什麼。我說，希望活動能正式一些，越多學生受益越好。於是他說，他不僅邀請金融俱樂部的成員參加，還會在整所大學宣傳，並邀請校友。另外，他還會找一位教授，在我發言之前請他向觀眾介紹我。

黃浩哲隨後向負責學校活動的經理迪倫（Dylan）尋求幫助，迪倫欣然同意提供宣傳和技術支援。但是，找到合適的主持人不容易。黃浩哲先後找到一位金融學教授和一位專門研究亞洲市場的研究員，但他們對此都不感興趣。他堅持不懈，最終請來一位市場行銷學教授，他也是商學院副院長，由他來主持講座並幫我修改演講內容。

迪倫幫這場網路研討會取了一個很棒的名字：「後疫情時代的職業規畫」（Careers after

Corona），並用線上直播的方式來吸引觀眾。當天有五百多名學生和校友參加，打破了學校職業主題線上活動參會人數紀錄。參會者給出極佳回饋，這讓黃浩哲十分開心。

三個月後，黃浩哲去倫敦一家頂級投資銀行面試實習生崗位。他對面試官講述了他邀請我演講、說服教授主持講座的過程。他對教授說，這項活動有助於提升大學在亞洲的知名度，還能幫助歐洲學生了解亞洲地區的工作機會。這件事讓面試官對他印象深刻，他獲得了令人垂涎的實習機會。他之所以能獲得成功，正是因為他明白，想與人建立連結並把事情做成，必須想辦法為對方增加價值。

在這一點上，我們應當向黃浩哲學習。**你想接近某個人時，要確保你能為他增加價值，或是你曾經為他增加價值，並一直與他保持聯繫**。我很感謝黃浩哲這樣的人，他帶著對我們雙方都有益的想法來找我。我的時間有限，所以如果同時有很多人來找我，我會優先考慮接觸黃浩哲這樣的人，如果他來尋求職業建議，我也很樂意多說一些。

黃浩哲的故事還說明，年輕人也可以為資深的職業人士拓展人際關係。如果你還年輕，不要低估自己的實力；如果你有多年職場經驗，也不要忽視比你資歷淺的人。

我在一次社交場合中遇到一位資深的專業人士，名叫派翠莎（Patricia）。我看到她討好公司高層，卻不搭理職位比她低的同事。聰明的領導者一眼就能看穿，她是因為他們的職位高才這麼熱絡，他們會留意這個人對職位低的人的態度，因為這反映了她的人品。

如果你很樂於幫助職位低的人，受到幫助的人會稱讚你，而這些稱讚會傳到主管耳中，你晉升的機會就更大。另外，有些人現在的職位可能比你低，但可能在未來因才能出眾而受到提拔，甚至成為你的主管。至於派翠莎，很遺憾，在那次碰面後不到一年，她就被公司解僱了。

每個人的職業生涯都是一場漫長的賽事，所有人都可能幫到你，不要目光短淺。在投行工作時，我培訓過很多職位比我低的人，儘管我現在已經離開那裡，但有很多前同事至今仍與我保持聯繫。如果他們因為我已經不是大投行的董事總經理（Managing Director）就不理睬我，那也太可悲了。

17 一個人走得快，一群人走得遠

我的一個朋友叫陳易謙，開了一家高級健身房。健身房剛開業時我曾去參觀，一走進健身房，我就被他打造的環境深深打動。那裡沒有其他健身房常見的明亮燈光、大面積的鏡子或一排排健身器材，只有一個光線昏暗、斯巴達風格的運動室，背景音樂一響起，你就會完全沉浸在高強度的訓練課程中。

但首次參觀健身房時，真正吸引我的是一塊標誌——醒目的綠色霓虹燈勾勒的巨大黑色字符，寫著：一個人走得快，一群人走得遠。

雖然這句口號的確切起源不得而知，但我越琢磨這句話，就越覺得有道理。我雄心勃勃想嘗試的新事物，往往會超出我的能力範圍，但我想「走得遠」，於是就去找合作夥伴，共同努力達成目標。

我所說的合作，並非公司內部批量生產式的標準化團隊合作。

大多數組織都會倡導團隊合作的重要性，制定一套口號，諸如「團結力量大」或「孤雁難飛，孤掌難鳴」。但這通常是詭辯：我們最終還是會與團隊成員競爭，因為我們做著相似的工作，卻都希望獲得晉升機會。

為了走得遠、取得更持久的成功，我們不能依賴雇主，冀望他們幫我們安排合得來的人共事。相反的，我們應該主動行動，尋找志趣相投的夥伴（甚至是公司之外的人）展開合作。這些人的才能和優勢與我們不同，可以與我們取長補短、相輔相成。

尋找背景、才能和你互補的人

我在網路上寫職業建議多年，主要根據個人經歷撰寫文章。因為我的文章是按時間順序排列的，所以很難按主題搜尋。我想，如果把內容按主題進行歸類，增加一些新觀點，並編纂成書，讀者更能有系統的吸收，這該多好啊！

憑藉一己之力，我能快速累積線上關注者；但如果我想出版一本書、讓更多讀者閱讀我的內容，就需要像那句諺語所說的——找人合作。出版一本書，從策劃到將想法轉化為文字，再到文字潤飾，以適應世界各國讀者的閱讀習慣，需要付出一些努力。

為此，我特意參加了為期一天的創意寫作課程，結果一點收穫也沒有。於是我決定，與其參加更多寫作課程，不如與一位專業寫手合作撰寫，有了他的協助，我就可以繼續授課、演講、經營社群。

彼時，我心目中的人選就是西蒙．莫特洛克，他是一名金融服務行業招聘網站的編輯及內容經理。幾年前，我還在投行工作時，他在一篇名為「頂級銀行家」的文章中介紹了我，自那以後我就一直與他保持合作，我為他的網站寫客座專欄，主要涉及一些與職業發展有關的話題。我們之所以能保持很好的關係，是因為我們的背景和才能互補，而不是重疊的——我是一名亞洲投行員工和大學講師，他是一名住在英國的編輯和內容經理，我們透過合作能創造更多成果。

我的演講事業能越走越遠，也是拜他人所賜。我從事授課和演講已經有些年頭，近年來我有幸去世界各地演講，包括新德里、吉隆坡、北京、倫敦。我的演講事業得以走得遠，要歸功於我與CFA協會的合作。在香港工作時，我在數碼港[4]有個辦公室。

有一天，CFA協會的幾名工作人員來找我。我們相談甚歡，我答應他們在CFA協會的年會上做一場演講。這之後，我迅速與協會的工作人員、協會會員及資產管理圈裡的人建立了牢固的夥伴關係；後來，我們共同舉辦了一場網路研討會，吸引了二千五百多人報名參加。與CFA協會的合作，大大拓寬了我演講的影響範圍，遠至歐洲和北美。僅憑自己一個人的努力，我不可能走得那麼遠。

在公司不同部門建立合作關係

如果**在公司內找合作夥伴，最好不要找同一個部門的**。在投行工作時，我總會在其他部門找一、兩個夥伴，與他們自由討論自己的想法，不必擔心為了升職而彼此競爭。

在香港的投行工作期間，我和私人財富管理部門的艾兒（Elle）合作最為密切。我們很能互補，因為我們為客戶提供不同的服務和產品。雖然我本可以專注於投行業務，但為了提升銀行業務能力、增加知識，我決定向艾兒學習私人財富管理。與人合作，是掌握新知識的最佳方式，因為在實際事務中獲取訊息比在課堂上學習理論更有效率。我向艾兒學習的努力得到了回報，我投入時間進行這種跨部門合作，不貪圖利潤分成等短期利益，成功完成了幾筆業務。我們的合作關係也讓我在投行內贏得了聲譽和認可。

與跨部門同事建立夥伴關係需要時間，但一切都是從買杯咖啡這樣小行動開始。就像西蒙最初與我聯繫時，並不是為了與我一起寫書。

在職業生涯初期，你可能會發現，在相對狹窄的本職工作範圍內，你進步神速，但你並沒有「走得遠」，你的職業生涯往往局限於某個專項領域，只有與才能互補的人一起工作，你才能創造更多可能。當我要開發一個新領域時，比如製作高品質直播活動，就會去尋找潛在的合作夥伴。一旦出現技能與我互補的人，我就會立刻把他們的名字記在手機裡。我也會思考自己能為別人帶來什麼價值，雙方一起工作，既有收穫也要付出，這樣才能一起走得遠。你現在就可以想想，自己能否創建一個小計畫或組織一場有意思的活動，把不同的人聚到一起。

你不必拘泥於「同一個團隊，同一個夢想」這種口號。為了拓展你的職業機會，最好與形形色色的人（無論公司內外）合作，從他們身上學些新技能，讓他們幫助你走向振奮人心的新領域。

4. 編按：位於香港島西南部。

18 組織小型聚會

雖然現在已經有很多優良的視訊會議工具，但是與人面對面談話依然必不可少。參加活動、認識陌生人，或是在大型聚會上與人交談，對許多人來說都是令人望而生畏的事情，包括我自己在內。一群人聚在一處已經聊得熱火朝天，你敢闖進去嗎？看到有人孤零零的站在角落，你會主動上前交談嗎？即使你夠勇敢、你們聊開了，也很難說對方會不會覺得無趣，搞不好你整晚都要編造藉口避開他們。

我通常不喜歡參加社交活動，除非我認識主辦人。因此我更喜歡自己組織活動，因為這樣可以與線上認識的人面對面溝通。我通常會邀請背景各異、會活躍氣氛的人來參加，我知道他們一定願意互相認識。

無論你的職級、資歷如何，你都可以組織一些小型聚會。如果你是初入職場的年輕人，不要只邀請同齡人，資深人士也想認識你們這些年輕人。你可以邀請大家去酒吧小聚。如何策劃並組織一場成功的社交活動？我已經組織過無數場活動，以下是我的幾點建議。

1. 控制人數：不要向所有人發出邀請。如果超過二十人到場，你很難與每個人深度交流。我認為理想的規模是八到十二人，甚至五人也可以，這樣才能保證聚會時光不被虛度。重點不在人數，你最需要的是每個人帶來的想法和經驗。

2. 邀請背景各異的客人：我第一次組織同事喝酒時，只邀請了銀行裡的同事。在後來的聚會中，我邀請的範圍逐漸擴大為銀行界的同行。如今，我的邀請範圍早已不局限於金融行業，反而來自各行各業：導游、工程師、律師、設計師、攝影師，我可以見到身懷不同技能和經驗的人。為了讓每個人都有參與感，我追求性別、年齡和國籍的多元化。只有一點是我邀請的所有客人都具備的：對新事物和新技術有強烈好奇和濃厚興趣。

3. 允許客人陸續到達：你無須為活動設計專門的邀請函，傳個訊息給客人們就好，安排他們在不同時間到場。如果你想和某人談業務，可以請他早點來，比如下午五點。如果你知道某個年輕人通常晚上要加班，就讓他晚點到。相比之下，年紀較大的客人可能希望早到，這樣他們就可以早點回家陪孩子。靈活安排時間，不僅方便了客人，也讓你可以利用時間差，與不同的客人深入交談。

4. 把握主人「特權」，用心介紹客人：我往往是場內所有客人唯一認識的人，所以我會特意介紹他們相互認識。聚會剛開始時，每位客人到場後，我都會一一介紹；後來人越來越多，我會等兩、三個人到場後一起介紹。大多數人都很謙遜，自我介紹不會說太多，只會報上自己的名字和職務，而名字和職務很快就會被別人忘記。我介紹客人時會加些讓人難忘的內容，促進交流的機會，比如：「這位是辛蒂（Cindy），倫敦最博學多聞的導遊，她對傑明街（Jermyn Street）和塞維街（Savile Row）的每一家小店都瞭如指掌。」

5. 準備小吃：有些人在社交場合會很緊張，可能需要適應一段時間才能侃侃而談。我總會點一些小點心，幫客人們找話題，或讓他們有事可做。有了點心，他們就可以問身邊的人：「要來點玉米片嗎？」、「雞翅好吃嗎？」

有一次，我在數碼港的辦公室裡為學生和市場行銷人員舉辦了一場活動，我購買了一些食材，讓大家自己動手做新加坡薄餅（popiah）。這就成了有趣的破冰活動，互不相識的客人們很快就開始聊天。有些外國客人做的薄餅完全走樣，大家看了都禁不住捧腹大笑。

6. 做好配對人的角色：作為主人，在整場活動中，你的職責就是從人群中把一個人拉出來，將他帶到另一個人面前，介紹他們認識。可能的話，你可以盡量為他們做點需求配對：房地產主管和建築師、當地人和剛到這個城市的訪客、學生和高階管理人員等。你要一直豎著耳朵聽、留心觀察，一旦發現有人看起來很無聊，就去與他們交談，把他們介紹給其他人，保持氣氛活躍。

7. 將活動照片發布到社群媒體上：記得拍一張團體照，活動結束後將其發布到社群媒體上，讓線下活動走到線上。發布照片，還可以讓其他朋友和聯絡人看到誰參加了你的活動。有些人可能會因而聯繫你，說他們也認識其中某個人，這樣你們就有了互相認識的人，即使活動已經結束了，你還是可以繼續經營人脈。

8. 在同一地點辦活動：如果第一個活動進行順利，下次就在這個地方舉行；這麼一來，再次組織活動時，你會知道酒吧的哪個地方最利於人們交談。為避免某些客人一直坐在一起，不要選擇長桌，最好選擇有較小的桌子、周圍有站立空間的區域，便於人們靈活走動、與不同人交談。另外，一定要善待服務生，如果你負擔得起，可以給他們一些小費，這樣，下次組織活動時你就能得到更好的服務。我估計通常會有八〇%的受邀者到場，因為總會有人在最後一刻因故來不了，但是萬一到達的人數多於預期，酒吧工作人員也很樂意幫助我，因為他們都已經認識我了。

9. 建立一個「小零錢」基金：定期撥出一點錢，作為下一次社交活動的資金，用來為客人買一杯飲料或準備小點。將來能否獲得回報並不重要，人們肯定會記住你的慷慨。

我相信，經常組織社交聚會對你的職業發展大有裨益，可以讓你積累更多的社會資本。將來，當你需要別人的幫助時，人們也會更願意伸出援手或與你合作。

第　四　章

勸誘、溝通
和談判的力量

19 讓對方多待一小時的3P法則

沒有人喜歡被拒絕。歷經數年的失敗，我終於想出一套將逆境變為順境的三步理論，我稱之為3P法則。

- 韌性（Perseverance）。
- 視角（Perspective）。
- 樂觀（Positivity）。

下面我們來看幾個將3P法則應用於實踐的場景。

香港的一些熱門餐館，一到週末就異常熱門，想訂到位子，可能和中樂透一樣難。這說法並不誇張。和那些耐心排隊買樂透、想試試手氣的人一樣，我也總是忍不住去我最喜歡的義大利餐廳碰碰運氣，因為他們的薄餅披薩和橄欖油香蒜義大利麵實在讓人難以抗拒。

我們一家人常在週日心血來潮，想去這家餐廳，當然，當天才預訂位子通常不可能成功。有一個週日下午，我打電話過去，很快就接通了。

「您好！」一個熱情的女聲響起。

「今晚有四人桌嗎？」我滿懷希望的問道。

「沒有了，先生，我們的座位已經訂滿了。」她稍顯抱歉的回答。

「要是六點到呢？」我不甘心的問。

「先生，我們的座位已經全訂滿了。」她又說了一遍，我估計她心裡在想：「都說『已經訂滿了』，這五個字你哪個沒聽懂？」

我還是沒放棄，繼續問：「如果我七點以前離開呢？」

電話那端沉默了一會，然後說：「我看看。」又過了一會兒，她回答：「好的，先生，我們幫你安排一下。」

下面我們來分析一下，在這個故事裡，我是如何用 3P 法則讓她改變主意。

- **韌性：讓對方看到你的努力：**她告訴我「已經訂滿了」之後，我並沒有放棄並掛斷電話，反而提出一個新對策。我提議可以早點到餐廳，向她表明我可以在用餐時間上讓步。
- **視角：理解他人的關注點：**這名服務生並不關心我是想為孩子慶祝生日，還是為主管餞行，她的職責是確保預約訂位的顧客在規定的時間內有座位。無論對她發火、辯稱說我是餐廳常客，或是威脅說我再也不光顧了，對她來說都無關痛癢。

我其實是在幫助餐廳服務員，給她一個在七點下逐客令的「期權」。

金融行業裡的期權，是指一種契約，期權持有人有權利但沒有義務按事前約定的行使價，買入（或賣出）某一種資產（如股票、貨幣、大宗商品）。

在這裡，這名服務生就好比期權持有者，她有權在晚上七點請我離開。但那天晚上我並沒有被趕走，因為下一桌客人沒有準時到餐廳，所以這位「期權持有人」就沒有行使她的權利。

● **樂觀：向積極的方向思考：**我是個樂觀主義者。我相信不利狀況總有機會反轉。被告知餐廳全部訂滿時，大多數人都會感到沮喪，但我不會，我會找個折衷方案。對雙方來說，晚上六點到達餐廳、七點結束晚餐離開是雙贏，因為餐廳在傍晚時分極少會客滿。我的提議，讓餐廳能更有效的利用資源。

讓想離開的人多待一小時

已到午夜時分，而你在外面玩得正嗨。對你來說時間還早，而你的朋友朱曉安卻覺得太晚了，他想回家。你要怎樣勸他玩到淩晨一點？如果你直接讓他再待一小時，他極有可能找出藉口拒絕你。但是，如果你說多玩十分鐘，請他喝杯飲料，他或許就同意了。

在這十分鐘裡，你可以向他介紹一些有趣的 APP 或新朋友，讓他感覺不到時間的流逝。十二點半時，你再幫他叫輛計程車，真正離開時或許已經十二點四十五分了。你可能會問，目標不是勸他玩到一點嗎？是的，但有時候你仍必須有所妥協。

這個故事也可以用 3P 法則來分析。

● 韌性：讓對方看到你的努力：你請求朱曉安再玩十分鐘，並給他買了飲料，這是在向他表達：你非常看重他的陪伴。

● 視角：理解他人的關注點：朱曉安當初同意和你跟你朋友一起玩，是希望度過一個愉快的夜晚。他打算提前離開，顯然是覺得太無聊，不想再和你耗一小時了。不過，「再玩十分鐘」聽起來沒那麼難熬，所以他會同意。

也就是說，你給了他一個在十分鐘後選擇離開的「期權」。

● 樂觀：向積極的方向思考：你開朗樂觀，散發的快樂氣息也頗具感染力，這就是向朱曉安發出的信號：接下來的十分鐘會很好玩。有些人可能會問：「如果朋友最終發現待的時間比他們預期的還長，難道不會覺得受騙嗎？」我倒不這麼認為。他們沒有被困在原地。他們可以在十分鐘後立刻離開；如果沒走，那就代表他們玩得很開心。

「順道」拜訪，減輕對方的壓力

在職場上，將「不」變成「好」的能力很重要。我還在銀行工作時，一名企業客戶申請了一筆人民幣貸款，要在上海建一座辦公室。這是一筆十年期貸款，貸款部同事採用五年以上的五．九四%利率定價。

在競爭激烈的金融世界，另一家銀行向這位客戶提供了一個「有創意」的貸款結構：他們沒有按常規的十年期貸款提案，而是提出了一個為期六個月的貸款，到期後不斷續期，直至十年期末截止。貸款期限短，利率低，只有四．八六％。

貸款部的同事來找我商量如何爭取這筆交易。我便提出，美元貸款另加美元兌人民幣匯率避險，變成一種組合式人民幣貸款，綜合利率為人民幣的四五％。這個方案比對手的貸款方案更便宜，而且仍然是十年期貸款。我們很快向客戶的財務團隊提出了這個新方案，他們覺得不錯，立刻把這個提案彙報給財務長。我們成功爭取到了這筆交易！

然而，我們高興得太早了。一週後客戶告訴我們，他們不能接受方案，因為他們的財務長在聽到我們的新方案前，已經口頭答應與另一家銀行合作。

聽到這個消息，我們都驚呆了。我無法理解，明明競爭對手的利息比我們高，客戶為何選擇他們？於是我打電話給客戶，告訴他們我剛好要到當地出差，可否「順道」拜訪他們，一起喝杯咖啡。見了面，我告訴他們，根據中國人民銀行的規定，銀行不允許使用六個月期貸款利率，作為長期建設貸款的定價基準。如果這家銀行的「創意」方案被銀監會[1]發現會很麻煩，客戶可能會受到牽連。我當天下午飛回了香港。第二天，客戶就打來電話，決定把案子交給我們。3P法則在這個案例裡也得到了運用。

- **韌性：讓對方看到你的努力**：即使客戶否定了我們的方案，我仍然積極與客戶溝通。
- **視角：理解他人的關注點**：我在這個事件中可能碰壁兩次。第一次，客戶可能會拒絕在當地會面。如果我強調是專程出差去當地見他們，對方可能不會同意，因為他們肯定會覺得我是想迫使他們改變決定。但當我問「能不能順道過來喝杯咖啡」時，對方的壓力就小了很

圖表4-1 中國人民銀行存貸款利率（2008-12-23）

期限	定期存款利息（%）	期限	貸款利率（%）
7 天	1.35	N/A	N/A
3 個月	1.71	6 個月內（含）	4.86
6 個月	1.98	6 個月～1 年（含）	5.31
1 年	2.25	1 年～3 年（含）	5.40
3 年	3.33	3 年～5 年（含）	5.76
5 年	3.60	5 年以上	5.94

多。這相當於給予他們一個期權，讓他們有權說：「不，我們不會改變原本的授權決定。」

接下來，我又可能面臨第二次拒絕。碰面時我了解到，如果他們的財務長在沒有任何正當理由的情況下，就從另一家銀行撤回授權，會很沒面子。於是，我強調那家銀行的提案不合規定，存在風險，提供了一個名正言順的臺階。畢竟，一個不合規定的融資項目不值得冒險。

● **樂觀：向積極的方向思考**：儘管我得知競爭對手贏得了貸款授權，交易的大門被「砰」的關上，但我仍然不怕

1. 編按：負責監管銀行業，已於二〇一八年與保監會合併為銀保監會。

閉門羹，抱著一絲希望，專程去客戶的城市「敲門」。

在漫長的一生中，我們遇到的拒絕要比讚賞多得多。但想成就大事，我們應該學會使用3P法則去打動他人，拒絕被拒絕。

20 調製波本可樂的行銷學

我在大學讀書時，不知道實習有多重要，沒有像其他同學那樣利用假期去公司實習。不過，大二暑假我去一家酒吧擔任助理調酒師。這份工作給的基本工資，每個月只有六百五十新幣（約新臺幣一萬五千元），但能賺錢已經讓我很高興了，直到今天我還自豪的保留著那份僱傭合約。

這間大型酒吧共有兩層樓，可以輕鬆容納一千人，我在樓上的橢圓形中島吧檯工作，四周環繞著喧囂躁動的派對玩咖。

上班的第一天，組長給了我一份手寫的雞尾酒製作清單，要求我記熟。三天時間裡，我用準備會考的決心，死背了所有雞尾酒的調製方法，還熟悉了各種杯型（高球杯、淺碟香檳杯、威士忌杯〔Rock杯〕等）以及每種雞尾酒所需的酒水券數量。一杯葡萄酒或啤酒要花費一張酒水券，大多數雞尾酒需要二到四張酒水券。這裡最烈的雞尾酒叫惡魔墳場（graveyard），一口氣喝完肯定不醒人事，要買這杯酒需要六張酒水券。

酒吧常駐的搖滾樂團聲嘶力竭的唱著槍與玫瑰（Guns N' Roses）和老鷹樂團（Eagles）的歌，我抓緊時間在吧檯把一切準備妥當。樂隊的演出一停下來，客人們就衝到吧檯，揮舞著手裡的藍色酒水券，點著諸如螺絲起子、長島冰茶、新加坡司令（Singapore Sling）等雞尾酒。

穿過喧鬧的音樂，一位客人在櫃檯對面衝著我喊：「卡魯哇牛奶（Kailua Milk）！」我在腦海裡快速搜尋前幾天晚上記熟的製作清單，偏偏想不出這一款的製作方法。尷尬的我不想勞煩客人再說一遍，於是轉身去問身後的同事。他回答：「棕色乳牛（Brown Cow）！」啊！這款酒有在那張清單上，只是客人用了不同的名字，我聽到就完全不知所措了。考場上的才智，這時不管用了。

最初幾天，儘管非常努力，但因為缺乏酒保經驗，我還是做得手忙腳亂。不管我的動作有多快，都應付不過來，排隊的人潮不曾消散，只是越排越多。樂隊回到舞臺之後，許多客人依然口渴萬分，只能無奈的離開吧檯。我就這樣忙了一週。

週六晚上，我又開始面對吧檯前不斷叫嚷的客人。有個人衝著我喊：「一杯彩虹！」這是一款非常麻煩的雞尾酒，要用七種不同的酒及糖漿，依次緩緩倒入杯中，調好這種五顏六色的酒大概要花五分鐘，如果不小心弄亂分層，那就搞砸了。

突然，我停了下來，站直身子，直視人群問道：「我現在要做波本可樂，誰想要？」立刻有一半的客人，包括剛剛那位點了「彩虹」的客人，都改口要波本可樂。我數了數，總共十二份訂單。

我擺了一排玻璃杯，加上冰塊，從第一杯到最後一杯連續倒入波本威士忌，然後拿起蘇打槍，往杯裡注入可樂。客人們都興高采烈的用酒水券換波本可樂。然後，我接著做琴通寧，這是酒吧裡第二暢銷的酒。

客人們很開心，因為他們很快就拿到了酒。我的經理也很高興，因為我賣出了更多酒。我自己也感到很欣慰，因為我讓客人和老闆都感到滿意。

這件事情告訴我，**有時候人們並不知道自己真正想要什麼，也不知道自己可以接受什麼。**這間酒吧的客人，大多只希望能在兩分鐘內拿到飲料，但菜單上沒有「兩分鐘就做好」的飲料，所以我用標準化生產的方式解決了這個問題。

我學到的這一課，不僅適用於調酒師的工作。在金融市場部工作時，我負責了幾年金融產品銷售工作。有時交易在幾秒之內就完成了，交易室的節奏很快，人人都很緊張，環境又很嘈雜，那個年代更是如此。交易員高聲喊著匯率，銷售人員透過電話與客戶交談，螢幕上閃現著最新的外匯報價及市場動態。

我負責設計貸款利率和貨幣期權，幫助企業客戶管理財務風險。像雞尾酒一樣，這些貨幣期權通常是為客戶量身訂製的，以滿足他們特定的需求。但當某種貨幣變得「熱門」時，對沖風險的需求可能會激增，而我們沒有足夠多的人手來處理大量詢問，客戶因此抱怨我們的反應太慢。

我們也知道有些客戶急於向老闆彙報，於是，我們將一些產品特徵標準化。我們說服客戶接受這些產品，以便於更快為其定價，客戶能夠在外匯價格變差之前執行對沖方案。我不禁回想起在酒吧工作的日子：**只有了解人們最迫切的需求，你才能勸誘他們。**

21 小事做好，才有機會做大事

辛塔（Cintha）抱著一大桶爆米花，來到我們幾個同事聚會的地點。她笑得合不攏嘴，打開遠渡重洋、從芝加哥空運過來的爆米花，和我們一起分享。那是二十多年前的事了，當時那麼大桶的爆米花在新加坡很少見。

雖然我不愛吃甜食，但那桶爆米花真的很香脆。不過，我更想知道它是從哪裡來的。我們「審問」辛塔，問她是誰讓她這麼開心。辛塔是印尼人，但一直在美國讀書，她後來坦言道，這份禮物是一個美國男孩送的，他知道她很愛吃爆米花。

那時亞馬遜（Amazon）還只賣書，把東西從芝加哥送到新加坡的運費，肯定比爆米花本身的價格高很多。我的第一反應是無法理解：不管爆米花多麼好吃，我都不明白為什麼有人會花這麼多錢、繞半個地球，只為了把爆米花送到新加坡。也許因為我是理科出身，一直被教導用數字思考，對情感不太重視。後來我終於明白，這筆運費絕對值得，因為這件小禮物讓辛塔心花怒放。另外，這件事也讓我意識到，**如果想在生活中給某個特別的人留下深刻印象，或是在工作中展示你的能力，把一件小事做好也能帶來巨大的影響**。

現在，我常常希望我輔導的客戶能明白做好小事的重要性。我的一位客戶名叫阿明，是一位積極進取的年輕人，從事風險管理工作。在第一次的輔導課上，他告訴我他希望與金融行業的資深人士建立更多聯繫。結束線上輔導時，我答應寄一份最新版的《經濟學人》（*The Economist*）和《金融時報》（*Financial Times*）給他。

僅僅四十分鐘後，一名快遞員就站在他的門外，手裡拿著這兩份報刊。我花了大約二十新幣的快遞費，比買雜誌和報紙的錢加起來還要多，但這給阿明留下了深刻的印象。我希望藉此告訴阿明，從小事做起，也能給別人留下深刻的印象。

我在銀行工作期間，有一段時間被調到上海，負責成立衍生性金融商品設計部門。一次去外地出差前，我讓手下一名實習生張豔幫我複印三位客戶的名片，我打算拜訪他們。那三張名片採用雙面印刷，一面是英文，另一面是中文。大多數人在複印這種名片時，為了圖省事，會把英文面印在一張紙上，再把中文面印在另一張紙上。但是張豔把正、反面都印在同張紙的同一面上。後來我把張豔留在了銀行，給了她一份全職工作，部分原因是她小而周到的行為，讓我知道她會把客戶照顧得無微不至。

很多年輕人都有很強的學習能力，能夠很快學會崗位要求的技能，如果想脫穎而出，就要把分外的事做好。像張豔一樣，主動一點。知道老闆需要在一位重要客戶的公司附近預訂餐廳，你可以自告奮勇，表示願意尋找合適的餐廳並訂位。

有些年輕人認為，訂餐廳之類的工作對他們來說太卑微了，不值得用心。但如果不能做好小事，別人怎麼相信你能做好大事呢？相反的，**如果你連小事也肯花心思，那就是在向老闆和同事傳遞一個訊息——大事你會做得更好。**

22 不要搶當MVP，要當MIP

二〇一一年，我從一家大型銀行辭職，去了一家頂級國際投資銀行當董事總經理。我的職務級別上了一個臺階，更重要的是，我的工作環境發生了巨大的變化。儘管我堅信自己有能力應付，卻有了力不從心的感覺。我所在的部門裡，同事的背景都十分優越，要不來自富裕家庭，要不畢業於全球知名大學，不然就是以上皆是。而我畢業於新加坡的一所大學，是蝦麵小販的兒子。

我手下一位分析師員工就畢業於耶魯大學和北京大學，能流利使用三種語言，做起事來既嫻熟又專業。在過去的職業生涯中，我沒遇到過幾個這樣的人。我在銀行交易室工作時，許多同事都是本地大學畢業生，因為做銷售與交易工作通常不需要海外學歷。況且，我的主要服務對象是當地企業，投資銀行對我來說是一個全新的領域，還要會見更大規模企業的總裁，所以有時會感到卑微。

我在投行工作的第一年，有位朋友黃書祥為我介紹他在香港的人脈。「你得聽聽沈文才的經歷！」他會這麼向別人介紹我，然後大致說一遍我如何從底層開始，一步步做到頂級投行的高階主管。

對他來說，這是一個很勵志的故事。聽了黃書祥這樣介紹幾次後，我開始想：「我的故事真的很有趣嗎？不丟臉嗎？」最終，我明白黃書祥說得沒錯，儘管現在身邊全是優秀人才，我仍接受了自己的成長背景。他在無意中讓我改變了自我認知。

我以前的那點自卑感，是由錯誤的自我定位所引起。用體育界的話來說，我總是希望成為所在領域的「最有價值球員」（MVP）。然而，我的成長和教育背景告訴我，這個目標幾乎不可能實現，因為我的競爭對手是那些背景優越的同事，他們的潛在目標客戶比我更廣泛、也更深入。

於是，我決定改變自己的目標，**我要成為「進步最快的球員」**（most improved player，簡稱MIP）——一個越來越出色的銀行家。這是我能夠實現的目標。

轉變思維方式後，我意識到大多數優秀人才（包括同事和客戶），有些對我職業晉升的經歷感興趣，有些則壓根兒不在乎我的家庭背景，只要做得出色就好。事實上，我能和他們一起工作，也證明了自己的能力。

做了一點小小的改變、調整了自我認知，態度和行為也發生了變化，我變得樂於分享我的失敗，也願意告訴別人我童年和青年時期的一些起起伏伏。

這些經歷和故事，又給我成為大學講師和專欄作家的新生涯提供了素材，得以與更多人分享心得。更真實的與自己溝通，讓我現在能更自如的與不同人對話。

希望你聽完我的故事，也可以坦然對待、接受自己的成長背景。無論出身如何，只要能在職業生涯中不斷進取就好。記住，**許多人根本不在乎你的社會地位，因為他們還有更重要的事**

情要關注。

如果你像當初的我一樣感到自卑，可能你需要轉變思路。畢竟，**最重要的故事，是你對自己講的那一個。**

23 穿搭不用昂貴，但衣服要合身

我二十多歲時對正裝一無所知。我在英國蘭卡斯特大學（Lancaster University）獲得碩士學位後，決心留在倫敦工作。我很幸運的獲得幾家銀行的面試機會，花了不少時間準備面試，但有一個問題：我沒有西裝。在此之前我都不需要穿西裝。在新加坡，無論面試還是工作，只要一件長袖襯衫、一條領帶就足夠了。

我沒錢買衣服，於是我去了一家慈善二手商店。店裡的衣服沒有適合我穿的尺碼，所以我買了一件大得可以藏一隻雞的外套。穿著「藏雞西裝」和一條不是很搭的褲子前去面試，與我相比，面試官的穿著得體，其他應試者也無可挑剔。我所有的面試都結束得很快，之後也沒有收到任何一家公司的回音。也許我的失敗還有其他原因，比如學位和工作經驗不足，但我的衣著顯然也沒有給人留下良好的第一印象。

儘管我非常仔細的研究了應聘職位的技術要求，但對英國金融業沒有深入了解。在倫敦，銀行家們的衣著都很正式。我一走進面試現場，他們就認為我不適合。雖然我買不起一套高價訂製西裝，但要是把最後的積蓄投資在一套像樣的西裝上，至少可以讓面試官多看看我的優點，而不是僅根據著裝就否定我。

我從中吸取教訓，現在在輔導學生時，也會告訴他們第一印象的重要性。我的一位MBA學生小梁在大型科技公司已有十年的工作經驗，最近他如願以償加入了大型金融機構，擔任中層管理技術職務。他說自己第一天上班時，打算穿黑色T恤和休閒褲，這是他在科技公司的標配。我對他說，這會給人留下糟糕的第一印象，建議他穿看起來精幹的外套和西裝褲，這樣才更能融入銀行的氛圍。

在新公司第一天下班後，小梁打電話來感謝我。他說，他在辦公室裡走動時，經過的人都向他點頭致意或打招呼，這是他以前入職新公司時從未發生過的事。

如果他穿得太隨便，新同事可能會以為他是級別低的員工。雖然小梁被聘用是因為他曾在兩家大型科技公司工作過，但保持其在科技公司的形象極為不明智。他的新工作需要經常與營業部同事打交道，他們都穿著嚴謹，因此小梁必須調整自己的著裝風格，與他們保持一致。

衣著得體、給人留下好印象，並不意味著你必須買昂貴的西裝或襯衫，而是要選擇符合你崗位特點的服裝，剛開始一份新工作時更是如此。有些年輕人以為著裝不重要，所有企業現在都接受隨意的著裝文化。但小梁的例子表明，情況並非如此，你的外表仍然影響著你與他人的溝通效果。

衣著得體也展現出對別人的尊重。如果你問別人是否會根據穿著打扮來評判人，答案幾乎都是「不會」，但在潛意識裡，他們對你的看法會受外表的影響，尤其是在初次見面時。

24 如何做好一場演講

人們大多害怕公開演講，這普遍到有術語來描述這種感受：公開演講恐懼症。如果你能克服這種恐懼與焦慮，你就能推進職業發展，在行業中獲得更高的知名度。如果你能成為一個自信的演講者，就會有更大的影響力。

我過去並不喜歡在公共場合講話。從小一直到三十歲出頭，每到需要報告的時候，我就會很緊張，這對我的職業發展相當不利。

我在一家美國銀行擔任經理時，有一次主管去度假，請我代替他向整個亞洲的銷售和產品設計團隊介紹每週市場動態。我告訴他我無法主持會議，因為我正忙於備考專業風險管理師（Professional Risk Manager，簡稱 PRM）。其實這是藉口，真實的原因是我怯場。於是，他找了另一位經理來替他開週會。到年底提名晉升人員時，猜猜主管選了誰？沒錯，不是我，是另外那位經理。

如果你的工作業績很出色，卻從不在會議中開口講話，主管就很難得知你的工作表現。即使他想提拔你，你可能也得不到其他同事的認同，因為大家對你知之甚少。有個簡單的公式可以說明此種情況。

你的工作能力×演講能力＝別人對你的評價

公開演講，無論在小型團隊會議上還是在大型演講廳裡，都可能是接觸高層的好機會。要是你能做一場引人入勝的演講，人們才會覺得你有領導能力。

為了克服怯場，我從小範圍做起。起初我給自己設定目標，在十位同事面前發言十分鐘，之後在公司內部培訓，再後來，我走出辦公室去大學教書，還做了首場TEDx演講。那場TEDx演講是一次讓我膽戰心驚的經歷。我站在著名的圓形紅地毯上開口講話時，攝影機在我眼前推拉搖移，讓我非常緊張。我排練了不下五十次，但還是講得不好，真希望這場演講沒有被錄下來。

一年後，我再次受邀進行TEDx演講。我很猶豫。那時，組織者湯米（Tommy）建議我講自己的故事。他說我受邀在TEDx上演講，就證明了我的故事值得分享。那場演講在一所大學的禮堂進行，現場座無虛席。我演講的主題是「賣麵十年」，最終聽眾反響熱烈。

我終於明白，一場演講的成功的關鍵在於有一個值得分享的故事。練習當然也很重要，熟能生巧，成功沒有捷徑。下面是我的一些練習技巧，希望能幫助你勇於登臺發言。

1. 想像自己演講的畫面：在從事銀行工作的那些年裡，我經常去豪華酒店參加大型會議。會議結束、所有與會者離開會議大廳後，我會走上講臺，假裝在找東西，以免工作人員質疑我。我站在臺上，面對空蕩蕩的會議廳，想像自己在面對臺下人頭攢動的聽眾發表演講，感受並適應刺眼的燈光。如果你有機會，不妨試試，去想像、感受演講的場景和氛圍。

2. 善用道具：大多數人都不會想到要使用道具，但道具可以吸引觀眾的注意力。

我讀大學時，有一次金融學講師在講解一九九七年亞洲金融危機期間，美國和歐洲銀行的資金太少，無法承受災難性的損失。他拿了一把小小的雞尾酒小傘籤，放在他有點稀疏的腦袋上。他的這個小道具和場景，讓我至今仍然清晰記得那節課。

3. 拉近與觀眾的距離：在前面第十四篇提到過，我曾受邀去巴林演講。我在演講前一天抵達，想趁機了解一下這個國家的文化和風土人情。在辦會議的飯店登記入住後，叫了輛計程車，請司機帶我去任意一家有名的餐廳，品嚐當地特色，還告訴他我喜歡米飯和雞肉。他把我帶到一家賣碳烤雞肉香料飯的小餐館。我點了，那是我吃過最好吃的香料飯。

第二天，我以這個故事開場，臺下的觀眾笑了，紛紛為我鼓掌。他們很捧場，很多人在會後都對我讚賞有加。這次演講的成功，該歸功於我對當地文化的好奇，以及對計程車司機推薦美食的信任。

4. 用故事打動人心：與直白的事實相比，有趣的故事更容易讓人們記住你講的要點。我在大學講授銀行業務和金融學課程時，經常為學生介紹我經手的交易。我不會提客戶的名字，而是用實實在在的故事告訴學生，我是如何完成交易，或怎麼輸給競爭對手的。

5. 寓教於樂：我經常用「觀眾」一詞來指代出席會議、聽我演講的人，而不是使用參加者、與會者等字眼。這是因為我覺得，演講者除了要分享有意思的內容，還要提供娛樂。有些觀眾不辭辛勞從外地趕來觀看演講，我應該讓他們不虛此行。我非常認真的為演講做各種準備，就像在準備一場表演一樣。有一次我為忙碌的職場人士做一場關於健康飲食的介紹，我沒有光說不練，而是親自操刀，切蔬菜示範如何製作美味的沙拉。

6. 了解你的聽眾：我曾經為一個外籍女性團體做關於時間管理的講座。我說，我每天都穿白襯衫去上班，省下早上選衣服的時間。現場觀眾顯然很不滿意，如果她們手裡有雞蛋，估計會扔到我身上。

「女人不可能每天都穿同一種顏色的衣服上班！」許多人反駁道。唉……受教了。那次以後，我都會特別留意觀眾的特點，讓演講內容更能投射。像在北京大學上課時，我就盡量舉一些我在中國執行過的金融交易案例。

7. 把演講錄成影片：如果你想盡快改進演講風格，可以用手機記錄全程，會後自己回放、評估。在影片中聽到自己的聲音會覺得有點不習慣，但只要克服尷尬，回看影片是一種快速提高演講能力的好方法，還省去了聘請教練的費用。

如果你剛開始練習演講，無須馬上運用上述全部技巧。我建議你每次演講時都嘗試一、兩個方法，很快你就會形成自己的風格，也能學會與觀眾互動的技巧。也許有一天，你也可以做一場 TEDx 演講。另外，你要記住：雖然演講技巧和風格很重要，但一場演講成功與否，最終取決於你的故事是否精彩動人。

25 線上面試技巧

如今，視訊會議平臺逐漸變得熱門，有時，我們的演講會以視訊形式進行。這時我們就都要有ESP。此處的ESP，不是心理學中「超感覺」（Extrasensory perception）的簡稱，而是指專業知識（Expertise）、表演技能（Showmanship）和製作能力（Production Skills），具體如下頁圖4-1所示。

如果你在自己的領域裡擁有足夠豐富的專業知識，你的演講會有權威性，但還不足以打動線上觀眾，你必須善於表達自己的想法，具備一定的表演技能。還有，你的視訊品質一定要好，這一點常被很多人忽視。即使你在講臺上表現得出類拔萃，也不代表隔著螢幕面對觀眾時的你同樣出色，尤其是在音質或燈光差的情況下，內容再好也彌補不了製作品質低的問題。

求職者往往會充分準備面試題目，想好機智的答案，卻很少關注視訊面試時技術方面的問題。**如今，線上面試越來越普遍，擁有性能良好的筆電和穩定的網路，並不足以讓你脫穎而出，我建議你投資一些額外設備，以確保留下好印象**。下文中的提示供你參考。

這些提示同樣適用於面向客戶、同事的線上簡報。如果你表現出色，無疑就樹立了技術達人的形象。

圖 4-1　拍影片、視訊時需要的 ESP 三元素

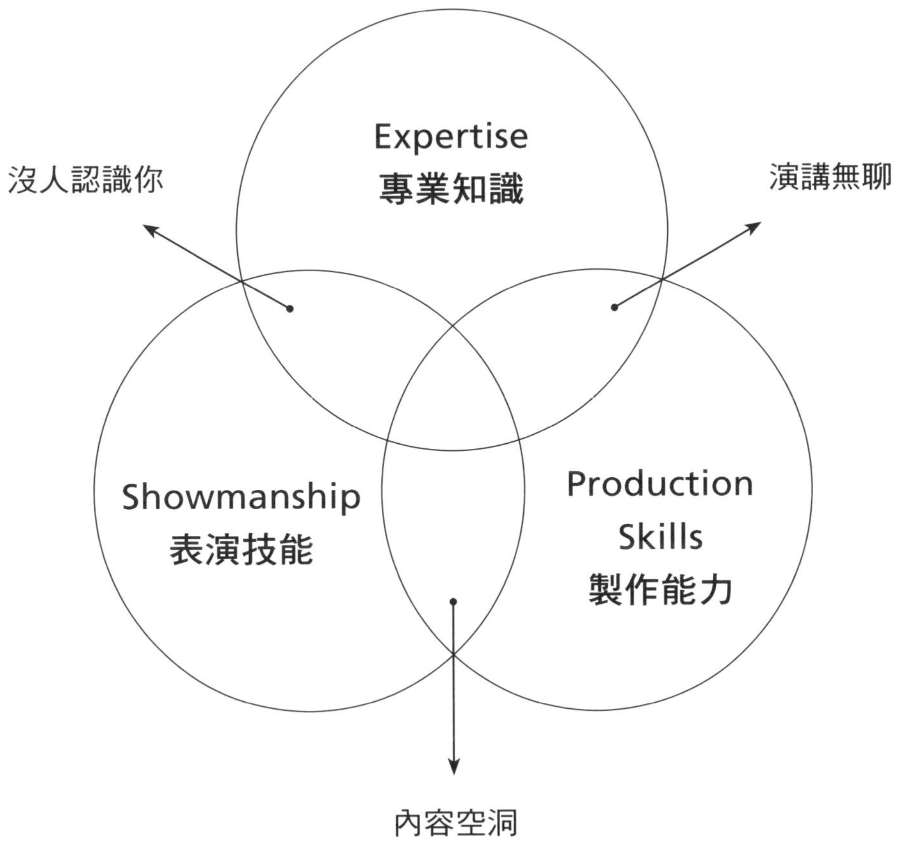

在視訊中留下良好印象

掌握影片製作的基本知識並不難，只要幾個小步驟就好，但是沒有多少人肯花心思學這些技巧，如果你學會了，就能鶴立雞群。疫情迫使我著力開展線上演講和培訓業務，網路研討會和線上演講的邀約也越來越多。我在視訊演示中融入了新技術，因此，我知道一套性能優良、使用得當的設備，可以產生極大的影響。以下是七項基礎技巧：

1. 保持鏡頭與眼睛齊高：如果直接把筆電放在桌上，鏡頭會比你的眼睛低得多，其他人的視線就會剛好對著你的鼻孔！你可以選擇剪剪鼻毛，或用支架把筆電架高，把鏡頭抬高到與你的眼睛齊高。一個簡易的筆電支架不貴，如果不想花錢，在筆電下面墊幾本厚厚的書也能達到同樣的效果。這樣他們就看不到你的雙下巴了。

2. 準備一臺變焦數位相機：架高筆電，抬高內置鏡頭的高度，可以改善你在螢幕上的形象。但如果你很想給面試官留下深刻的好印象，可以考慮買一臺變焦數位相機，那就可以調整畫面構圖，只顯示你想讓別人看到的地方，避免房間雜亂的區域進入畫面。這種相機的鏡頭可以聚焦在你身上，同時柔化背景，讓你看起來很專業。這筆投資是很值得的。

3. 切勿使用電腦內建的麥克風：好音質比好畫質更重要。切勿使用電腦內建的麥克風通話！它會吸收背景噪聲，還會產生混響和回聲。面試時如果面試官聽不清楚你說的話，那麼無論你有多優秀，他們都很難對你做出公正的評估。我自己使用的是電容式USB麥克風，用它接受廣播電話採訪時，主持人還問我為什麼聲音那麼清晰。

4. 調好背景光線：有些人會利用明亮的窗戶或白色牆壁作為背景，但這會讓你的臉顯得黯淡，因為鏡頭會根據整個畫面的平均亮度來調整整體亮度。你應該將自己的一側靠近窗戶而不是坐在窗前，這樣臉的一側會比另一側稍微亮一點，讓臉龐顯得更立體。如果屋內沒有窗戶，你也可以用檯燈將光線反射到牆上，照亮一邊的臉頰。

5. 布置好背景：不要使用虛擬背景，家中的實物背景可以體現你的個性和興趣愛好。例如，你可以展示書架、植物和剛剛贏得的獎盃。這些陳設會引導面試官問與之相關的問題，你就可以順理成章的說出你的成績或愛好。一個恰到好處、整潔有序、有創意的背景布置，肯定能為你加分。

6. 微笑，舉手：由於視訊對象看不到你的全身，無法讀出肢體語言或感受熱情，所以你要比平時多微笑。通話時，要盡量讓觀眾看到你的手，這樣更容易贏得對方的信任。舉手時，也要把手舉到耳朵的高度，對方才看得到。

7. 分享工作成果：線上面試時，你可以跟面試官分享一些工作示例，你可以說：「我讀碩士時做了一些仿真模型，您要看一下嗎？」在工作會議中，經常會需要共享螢幕，你可以透過一些應用程式來共享手機螢幕，當場示範，這會讓對方印象深刻。我在線上演講時，會在視訊中把圖像拉到我的臉旁邊，這個動作立刻顯示出我是技術高手，與他人相比，高下立判。

製作影片履歷

影片履歷，就是一個介紹自己過往成就和職業理想的短片。現在越來越多雇主要求應聘者提供影片履歷。即使你的應聘單位沒有此項要求，提供一份影片介紹必然會讓人印象深刻。影片履歷也可用於行銷，例如作為履歷發給新客戶，方便他們認識你，或作為在大會上發言時的自我介紹。以下是製作影片履歷應遵循的七個關鍵步驟。

- **第一步，創作內容：**從你的書面履歷中選擇三到五個重點來介紹，還要說說你可以為雇主帶來的兩、三個額外好處。例如，你可以幫助雇主吸引新客戶或提供新產品訊息等。如果我想展示請我去演講的好處，我會說：「我能幫助您吸引與會者報名，我不僅準備了很有趣的內容與觀眾互動，還會進行高水準的直播。」如果你能講個自己的故事，效果會更好。
- **第二步，寫好腳本：**把你打算說的話添加到提詞器中，然後大聲朗讀，修改聽起來不自然的地方，直到語言流暢為止。

- **第三步，錄音：**你可以先把腳本錄成一份錄音檔，然後試聽自己聲音如何。如果你很少聽自己的錄音，可能需要多聽幾次才能習慣。
- **第四步，準備幾張幻燈片和照片：**你可以將幾張幻燈片和照片添加到影片中。例如，用幻燈片呈現你的教育背景和前雇主的 LOGO，或是放幾張工作照或生活照。
- **第五步，拍攝：**用手機或相機將朗讀腳本的過程錄製下來。
- **第六步，編輯：**編輯影片，加入幻燈片和照片。
- **第七步，保存並轉發：**最後，你要把影片履歷保存在共享空間裡，在書面履歷上加上影片連結。

製作影片履歷，本身就是一項突顯個人能力的技能。在影片中審視自己，特別是在多次微調腳本後，你的演講技能必定會提升。我認為做影片履歷的能力，很快就會變得和面對現場觀眾自信演講的能力一樣重要。如果今天你能製作出一份出色的影片履歷，你就已經領先別人一步了。

第　五　章

任何工作，
都在做銷售

26 自我推銷七步驟

職業發展，追根究柢來說，就是在售賣自己的服務和時間給公司，以換取服務費。但是很多時候，我們都不會自我推銷，不擅長爭奪競爭激烈的新職位或晉升名額。擁有工程師背景的我，剛入職場時並不喜歡銷售，總覺得銷售就是在騙人。結果，我卻做了二十多年金融產品的銷售工作。為了培訓團隊和學員，我把銷售過程分成七個步驟。這七部曲也適用於找工作。銷售七部曲還會被用於本書其他章節，屆時你可以翻回此處複習。

1. 第一步，識別目標：首次考慮換工作時，你應該瞄準兩類人：內部連絡人和外部連絡人。前者是已經在你想應聘的公司裡工作的人，還有那些正在從事你心儀的工作的人。他們是知情人，可以幫助你了解公司文化、相關工作要求以及部門設置、彙報層級等訊息。

外部連絡人則是可以幫你介紹工作的人。熟人推薦的成功率較高。我在招聘新人時，除了在徵才平臺上登廣告之外，還會請組員、其他部門的同事、前同事、業務夥伴甚至客戶推薦候選人。我也會找大學裡的職業顧問，因為他們可能認識符合我要求的學生和校友。內、外部連絡人都可能出現在社群媒體上，你要花點時間把這些目標人物找出來。

圖 5-1　銷售七部曲

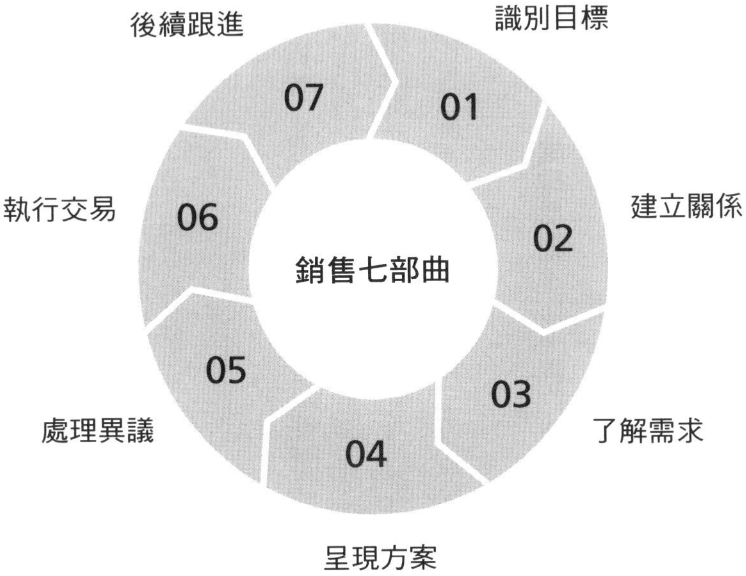

2. 第二步，建立關係：識別目標對象後，你就要與他們建立融洽關係，閱讀他們的文章，與他們在線上交流，試著與他們見面。比如請他們喝咖啡、討論行業趨勢，或邀請他們來你的學校、公司或俱樂部演講。

如果你有能力，可以主動為他們提供幫助。只要與其中幾個人建立了融洽的信任關係，你就足以獲得有價值的訊息，所以要是有人不願意與你交流也不要灰心。

建立融洽的信任關係、贏得別人的信任，是一個漫長的過程，可能需要一、兩年的時間，所以別指望剛開始接觸別人，就能馬上找到一份好工作。

3. 第三步，了解需求：如果你很想去某家公司工作，就要做些深入的背景調查，以了解公司的需求。詢問你的內部連絡人，他們公司招聘員工時看重什麼。也許他們公司希望應聘者懂外語，或擅長做案例研究的簡報，這時，演講技巧就至關重要。

另外，你也可以趁機了解公司文化：辦公室裡的人際關係如何？任免員工是不是比較隨意？弄清楚公司文化再決定要不要應聘，不僅能幫你為面試做好充分準備，還能確保你知道在那裡工作的狀況。

4. 第四步，呈現方案：你已經知道雇主的需求，因此可以向他們提出方案：你自己。如果你已得知這家公司強調創新能力，那面試時不要只說自己有創意，還要講個故事解釋，你是如何用創意解決問題。記得主動告訴面試官你可以為公司帶來的好處，能現場展示更好，例如你可以帶著平板電腦去面試，直接展示你做過的案子（注意不要洩露商業機密）。

5. 第五步，處理異議：你不會符合該職缺的所有條件（你如果完美符合條件，反而應該擔心，因為毫無成長空間），所以，你應該提前準備好應對面試官的質疑。你可以將自身弱點坦誠相告，先發制人，打消他們對你能力的懷疑。例如，如果你的英語表達不太流利，你可以強調你一直在學習商務英語、看了很多英文原聲電影，還結交了外國朋友練習口語能力。

6. 第六步，執行交易：如果你得到了非正式的口頭錄用通知，千萬不要掉以輕心，這份工作還不是你的囊中物。有些公司可能會突然凍結員工名額，或無法申請工作簽證，又或是在最後一刻選擇另外一位候選人，這就是為什麼你需要在收到書面錄用通知前，與招聘經理保持密切聯繫。如果他們看到你是一個執著而堅定的人，就有可能向總部申請特批名額，或者提出申訴為你爭取工作簽證，抑或在你與另一候選人之間選擇你。

7.第七步，後續跟進：現在你簽好了書面錄用通知，正等著獲得學位或完成現公司的工作交接。此時，可不要只顧沾沾自喜，也不要給自己放長假。入職前的幾週或幾個月，是為兌現面試時的承諾做準備的好時機。例如，如果你對面試官說，你會提高寫程式的能力，那就要利用這段時間跟進這件事。

這七個步驟並不是一次性的。在新崗位工作六個月後，你就要開始為三年後的升職或調職做準備。你要找出哪些人可以幫助你實現這一目標，以內部調職為目標時，可對這套流程稍加調整。在整個職業生涯中，如果想不斷推進職業發展，就必須持續重複這個循環。

27 賣好處，不賣特點

上文提到，銷售七部曲的第四步是「呈現方案：你自己」。在深入探討如何展現自己前，我們假設你在鞋店上班，店長要你銷售一款專為駕駛人設計的平底鞋，售價約為五百美元。你要如何推銷這麼貴的鞋子？

一個辦法是詳細介紹這款鞋的工藝特徵，比如橡膠鞋底、義大利製造、百年品牌。不過，這些特點其他同等價位的鞋子也有。如果你想讓消費者愛上這款鞋、產生購買欲，就要在這款鞋能帶來的「好處」上下功夫。

購買開車鞋的人通常是愛車族，願意在車上花錢。因此，推銷這款鞋時，你要對潛在客戶說，這款鞋與他們愛車的氣質渾然一體，即使沒坐在炫酷的跑車裡，穿上這雙鞋也能讓人想到他們是愛車族。有些人喜歡把車鑰匙放在餐廳的桌子上，也是炫耀的方式。

從腳上的鞋子，車主就能巧妙的把話題引到他們珍愛無比的汽車上，這就是買這款鞋的一大好處。所以，把鞋子定義成必備的汽車配件，會讓他們認為，與數十萬美元的車價相比，五百美元只是九牛一毛。

在職業發展中，我們也可以「賣」好處而不是特點，尤其是在為雇主提出解決方案時。下面我舉了三個例子。

1. 調職去香港：我在銀行的上海金融市場部工作一段時間後，老闆鼓勵我申請調入位於香港的資本市場部。但這不是一次簡單的調動，我需要與另外兩位同事競爭這個機會。於是，我們都飛到香港面試。

當時我是如何向招聘經理推銷自己的？我本可以向他介紹我的金融產品知識、工程專業背景和分析能力，但我認為這些特徵不足以讓我獲得這份工作，於是我決定突出我的定量分析能力，讓它成為我帶來的好處。

我向招聘經理介紹我開發的一套定量分析工具，可以識別企業客戶面臨的風險。如果他錄用我，我可以運用這些獨特的工具為客戶進行金融風險分析，並為他們提出資本市場解決方案。我不僅可以銷售自己負責的金融產品，還可以幫他的部屬銷售資本市場產品與服務。和我競爭的候選人很可能只強調豐富的經驗，而我解釋了我能如何幫助團隊贏得更多業務。主管很喜歡這一項好處。於是把工作給了我。

2. 會用 Excel 也能成為好處：熟練使用 Excel 是不錯的技能，但這仍然只是一項專長。要將這個能力轉化為公司聘請你的好處，你就應該告訴面試官，你能夠使用 Excel 幫團隊自動化一些重複性的單調工作，這樣可以讓隊友有更多時間開發新業務。

3. 工作時間靈活：在與年輕的職場人士交談時，我發現他們許多人都形容自己「工作努力、認真負責」。但這些優點是特徵，他們沒有解釋公司如何能從員工的勤奮中獲益。如果你還年輕，還沒有小孩，你可以說自己時間靈活，一旦有緊急任務你可以加班。這樣，你的主管會清楚看到其中的好處。

把一項能力、一個特點能帶來的好處說清楚，僅憑這一小小的動作，你就可能在公司內部贏得發展機會，或者在求職時獲得先機。如果沒有清楚陳述你能創造的價值，那十年的工作經驗對他人而言，並沒有多大的意義。

你可以立即想想，該如何將你的特點轉化為好處。從履歷中選擇一些特點，例如具備雙語能力、知道如何寫程式、喜歡為客戶服務等，然後花一些時間找出每個特點現在或未來能為公司帶來的好處。

要推銷好處，而不是特點。

28 聽懂對方的弦外之音

現在，你得到了那份心儀的工作，接下來你要考慮晉升。無論你認為自己多麼善於自我推銷，你總會遇到障礙和反對意見。我從很多次的挫敗中學到，要跨越障礙，你應該與同事和同行建立密切的關係。關係越融洽，反對意見就越容易被克服。

可惜有些人太過短視近利，在有急迫需求或有利可圖時，才想到與人親近。但人際關係不是這樣運作的，你需要做長遠打算，多付出。

1. 了解對方的人生階段：首先，想與某人建立融洽的信任關係，你要了解他們的人生階段。才剛生小孩的人，不太可能接受晚上喝酒的邀請，但可能會同意與你共進午餐。我知道對年輕人而言，交朋友很重要，所以我經常為他們安排社交活動。

多年前，我與一位新朋友蘇玲見面，我們邊吃午飯、邊聊她的兩個孩子。我告訴她有一部動畫片，講的是兩兄妹的搞怪故事，兩個主人公的年紀和她的孩子差不多。飯後我買了這部動畫片第一季的DVD，快遞到她的辦公室；她的兩個孩子都很喜歡這部動畫片。想與某人建立融洽的信任關係，你可以花點心思，買件與他的生活相關的小禮物。

了解別人的人生階段，才會知道他的需求。

2. 一個小行動建立起的信任：在一家商業銀行工作時，有一天上午，我和團隊與一位重要的地產商客戶開會，推薦一個利率掉期方案，用來對沖商業地產貸款利率風險。這時，地產商財務長亨利（Henry）開玩笑說，我們來得太晚，拿不到這筆生意了，因為其他銀行送了月餅給他。當時正值中秋節。

「月餅已經在我肚子裡了，哈哈哈。」他說。

回到辦公室後，我立刻請同事買盒月餅。但她說買不到，因為中秋節過了。於是，我建議改買一小盒巧克力。她說：「客戶不是認真的，不著急。」我對她說不能等，當天下午就要把巧克力送過去。午飯後不久，我們收到亨利的一封感謝信，他說很感謝我們送了巧克力，還說他提月餅的時候是在開玩笑。別上當！通常人們想向你傳達不愉快的訊息時，都會假裝成是開玩笑。

好幾家銀行都對亨利提了方案，都很有創意，到底要用哪一家，的確讓他很頭痛。雖然他沒說，但打從我們的會議一開始，他就已經做好決定不讓我們做了，他只是用月餅來暗示我們要做好被拒絕的準備。

但是一盒巧克力救了我們！我們最終從亨利那裡拿到了這筆交易。主因不是送禮，一小盒簡單的巧克力沒多少錢（銀行對送客戶禮品有嚴格的規定，不能超過一百元新幣，還要主管批准）。送巧克力的意思，是我們重視他所說的每一句話，這強化了彼此之間的融洽關係，使我們更容易克服談判後期遇到的障礙。如果我們不把亨利的那句話當成一回事，結果可能就不同了。和別人打交道時，要聽得懂他們的口中所言和弦外之音。

3. 用敬業精神建立信任：葉衛東是我的一位上海客戶，有一次他邀請我一起吃晚餐。我不得已拒絕了他，但我們的關係不但沒有受到影響，反而加深了。

我拒絕他的原因是，我要在家裡練習普通話，為葉先生公司的金融產品培訓做準備。葉先生是我的新客戶，他對此印象深刻，認為我為了保證培訓成功而放棄社交活動非常敬業。那天晚上，我的一個小行動奠定了與葉先生長期信任關係的基礎。

4. 拍攝活動照片：如果你參加了一場活動，聽了一場很受啟發的演講，想認識演講嘉賓，那麼，你可以拍一張他們在舞臺上或視訊會議中演講的照片。演講者無法幫自己拍照，所以他們會感激你幫的這個小忙，並因此記住你。我演講時，如果有觀眾發演講照片給我，我一定非常感激他。

5. 讓關係在時間中沉澱：有時，你想與某個人建立關係，但對方不一定會像你希望的那樣熱情回應。他們可能有什麼急事要處理。在這種情況下，我會利用時間的流逝來建立信任。首次見面後，我不會瘋狂發訊息給對方，而會等一、兩個月再聯繫。一年內發四、五條訊息，比一週內發相同數量的訊息更能建立信任。如果你在一年後仍然願意與他聯繫，那麼對方會感覺到你的誠意，更有可能做出回應。

6. 列個有效連絡人名單：不要經常「騷擾」你的連絡人，但仍要定期保持聯繫，不要讓你們的融洽關係變淡。我把想保持聯繫的人列了一張名單，每隔幾個月就會翻閱一次，看到很久沒有聯繫的人，我會發訊息問候他們。人品好的人，或是信任我、激勵我、與我有共同興趣愛好的人都在這份名單上。我的名單不限於位高權重的人，裡面也有學生、粉絲，共通點是他們都很有熱情、有想法。

我出差到一個城市之前，會查一查我的名單，看看那裡有沒有我想見的人。你列自己的聯絡人名單時，不用過於在乎他們能給你帶來什麼好處，這是一個長期的計畫，我們的關注事項會隨著時間推移而發生改變。我建議你最好僅用是否喜歡和信任作為標準，還有，一定要相信這些人將來會比現在更成功。

上述例子表明，即使是資歷尚淺的人，也可以透過一些小事與人建立融洽關係。在會議上拍照、買份應景的禮物或幫點小忙，這些都不需要資歷。這些年來，無論我到哪一家公司工作，一些客戶都仍與我合作，因為他們相信我說到做到。你的人際關係越牢固，越有可能獲得工作推薦或生意機會。當你遭遇反對意見、無法解決麻煩時，應該回到銷售七部曲的第二步，試著與對方建立融洽的信任關係。

29 賣榴槤的顧客心理學

我十幾歲時，學校一放假，我就和「水果之王」有個約會。約會地點是我姨媽的水果店。載滿榴槤的貨車一到，我就幫忙卸下裝著帶刺綠色水果的大籠子。此時，空氣中開始彌漫它獨一無二的味道，至於聞到的是水果香味還是刺鼻臭味，因人而異。

我對榴槤是一「聞」鍾情。榴槤的銷售旺季剛好在六月和十二月，是新加坡學校放假的時候。所以，到姨媽的店裡幫忙並不影響課業，唯一的影響大概就是我偶爾會被「水果之王」刺到手。

除了發現自己對榴槤的鍾愛，我在水果店的「實習」也讓我認識了姨媽的生意經。我意識到了解客戶需求是一項重要的技能。姨媽比銀行家還厲害，她對形形色色的顧客瞭如指掌。

看到一位想幫家人買榴槤的父親，把豪車停在水果店外，她就知道他會買很多。如果只想買一、兩顆，他沒有必要冒險把車停在雙黃線上。就像麥當勞裡的收銀員一直問「先生，您要換大份套餐嗎」一樣，姨媽就會把握機會向他推銷更多榴槤。

如果一個年輕人帶著女朋友來店裡，兩人打扮入時，像要去參加聚會，姨媽就會推銷一顆等級最高的榴槤（最貴、利潤最高）給他們。她知道女孩不好意思吃太多，而有女朋友在場，男朋友也不好意思買便宜貨或殺價。

如果一對夫婦拿著幾個保鮮盒來，姨媽就知道他們想要買很多便宜的榴槤，帶回家做甜品，對品質沒有要求。這時，她就把一些品質稍差的榴槤賣給他們。這並不是在故意坑他們，而是在滿足他們的需求。

姨媽非常了解顧客的需要，總能讓他們滿意而歸。上文那位父親一週前也來買了榴槤，但他把車停在了幾百米外的停車場。他最多只拿得了四顆榴槤。那天晚上，他的家人因為水果不夠吃而發生爭執。他的岳父、岳母來看他們，也嫌他小氣。

今晚他把車停在店外，買了很多榴槤，肯定夠一大家子吃，他很滿意。今晚他是一位體貼的丈夫、慈愛的父親，還是個大方的女婿。

另一邊，年輕人的女朋友也很滿意。她覺得自己的男朋友有品味、對她好，因為他買了顆最高級的榴槤。

至於那對帶著保鮮盒來的夫妻，他們也很高興，儘管他們買的不是最完美的榴槤，姨媽仍把他們當成貴族對待。如果他們沒來買，這些次等榴槤隔天會被扔掉，不僅沒錢賺，還會蒙受損失。

如何規避「尿尿風險」

一天中午我負責開店，正把榴槤按大小分類，一位母親帶著小男孩經過時，放慢了腳步，她看了看榴槤。

我問：「要嚐嚐嗎？」她指了指每公斤十新幣的榴槤。我挑了一顆榴槤，聞了聞底部，沒有味道，代表它不太熟。又聞了幾顆後，我挑出一顆香味十足的榴槤。

秤上的紅色指針讀數為一．五公斤。我問：「十五元可以嗎？」

那位母親點了點頭。太棒了，我想，今天第一單生意就要成交了。水果攤販一般相信，第一單生意的成敗會影響他們一整天的生意。

我左手戴著手套扶著榴槤，用一柄很粗的切刀插進水果底部的星形長紋中，正要切開，突然聽到那個男孩拽了拽媽媽的手，輕聲說：「我想尿尿。」

「我們改天再來。」男孩媽媽對我說。

就因為這樣，我的第一單泡湯了。

下午姨媽進店裡後，我問她要如何規避「尿尿風險」。她沒什麼銷售手冊可以參考，但她有一些很實用的銷售技巧。如果顧客是帶著孩子的父母，她總是會先和孩子說話。

她會問：「放學了？」孩子會害羞的點頭或搖頭，也可能會不說話，只盯著她看。然後，她會再問：「你想吃糖嗎？」哪個孩子不愛吃糖？我心裡想：啊，這就是規避「尿尿風險」的方法——先哄孩子開心。

其實，讀懂別人行為的能力，不僅在賣榴槤時有用，在與同事打交道時也很有用。有一次，我正一個人在投行的茶水間吃午飯，這時，法務部的凱倫（Karen）進來了。她從水槽旁拿了一個乾淨的杯子，從飲水機裡接滿水，咕嚕咕嚕的大口飲盡，似乎想快點回到座位上處理交易協議。但她卻用了整整兩分鐘的時間，用洗滌劑清洗杯子，徹底沖洗了兩遍，再把杯子放回托盤上。

看到她的這些舉動，我決定進一步了解凱倫。果然，她做起事來同樣盡責，對同事也非常細心周到。如果你留意到有同事下班前總是把辦公桌整理乾淨、鎖好抽屜，你可以斷定他們做事嚴謹。如果你想說服這種風格的人，就應該向他們清楚解釋可能出現的風險，確保他們面對的風險不大。

除了行事風格，同事所說的話也可以提供一些線索，讓你了解他們的想法。楊萱在另一家金融機構做客戶經理，在向客戶發放貸款前，她需要向信貸風險經理王科請求信貸批覆。楊萱打電話給王科時，這位信貸經理經常說：「有事快說，我待會兒還要和林總開會。」楊萱很惱火，林總是公司的高階主管，而王科總是炫耀他與高層的親密關係。

像榴槤店家分析顧客心理一樣，我們來分析一下王科的行為。如果有人在你面前炫耀，那麼這個人可能很重視你。一方面，如果楊萱是底層的同事，王科根本無須費心拿高層來說嘴；另一方面，王科與高層的關係可能是他唯一的強項。他不如楊萱能幹，楊萱是一位很受歡迎的客戶經理，為公司創造了豐厚收入。當楊萱弄清楚原因後，她對王科的行為也變得寬容；而感覺到楊萱對自己的態度發生了變化，王科批覆信貸申請時也不再拖延。

如果你的同事一直吹噓他十年前的成就，你不必反感，因為你可以據此斷定，他們在過去十年沒有取得多大成就。如果你的同事不斷提到他們過去工作過的大公司，你不要怯場，因為這表示他們可能對現在的工作感到不安，擔心你會看不起他們。

相反的，如果一位同事表現得很友好，對你說「我把你看成我們團隊的一員」，你也不能輕信，說不定對方很善於處理職場人際關係。

下次你與難相處的同事之間出現棘手問題時，你就可以戴上榴槤店家的手套，試著分析他們的行為和需求：他們到底想掩飾什麼？

30 贈送試用品

星耀樟宜是新加坡樟宜機場裡一個壯觀的超大購物娛樂商場，從遠處看，它就像一顆巨大的寶石，裡面是一間間商店，坐落在鬱鬱蔥蔥的梯田中，有兩百多種植物。位於正中央的是世界最高的室內瀑布「雨漩渦」，蒐集的雨水從四十公尺高空傾瀉而下，令人嘆為觀止。

星耀樟宜開張不久，我就去參觀了。我留意到一家冰淇淋店外大排長龍。空氣中有一股香味，那是現場製作冰淇淋散發的味道，但這並不是人們排隊的原因。這間店之所以受歡迎，是因為顧客可以先嚐再買。免費試吃已成為該店的常規，即使顧客已經知道他們想要買哪個口味，也可以試吃。

員工們提前準備了許多冰淇淋試吃木勺，方便顧客品嚐各種異國風味，避免有人因不好意思而放棄品嚐。這一個小行動鼓勵顧客品嚐更多口味。參觀星耀樟宜的人見到此景會想，**這家公司一定有好產品，否則它肯定不敢在人們還沒付錢時，就發放贈品**。經驗告訴我，提供免費樣品對我們的個人職業發展也有用處。

我剛開始講課時，在新加坡一所大學免費教了三年，先是講授與金融工程相關內容，後來講授企業風險管理課程。我對這些內容很了解，但我沒有教學資質。如果我要領薪水，請我講課的教授就要多跑很多行政流程，還要面臨學校內部麻煩的審核程序，因此，我免費教學，他就能輕鬆一點。

我也羞於提起酬勞的問題，因為那時的我還不知道自己能否勝任教師工作。但我已經對培訓年輕人產生興趣，所以回報並不重要——能被邀請到一所頂尖大學講課已經是我的榮幸了。

我不要酬勞的小行動，不僅幫我拿到了第一份教學工作，還成就了一個讓我收穫豐富的副業，讓我後來得以在多所高中擔任講師。

我搬到上海後，依舊回新加坡講課，學生們表示喜歡我的課，學校對我的工作很滿意，後來便開始支付我的差旅費用。有了教學經驗，加上學生們反饋不錯，教授就能正正當當的付我報酬。如今，有朋友說他們喜歡教課，問我薪水是多少時，我都會建議他們先考慮免費試講，積累經驗和資歷後，再去爭取正式的教學工作。

多做額外工作，為自己創造發展機會

我在投行工作時，會主動幫助負責股權業務的經理銷售他的產品；我沒有立即問他收益如何分成，或我的年度獎金會不會增加。對我而言，更重要的是學習股權業務，證明我也能勝任這方面的工作。

事實證明，我不把注意力放在短期的回報上是正確的。首筆交易成功完成後，經理說，他希望我正式銷售他的產品，做到的業績算我一份。所以，如果你有機會在工作中承擔新的職責，要珍惜它對你未來的職業發展和技能提升能帶來的好處，不要擔心短期內會不會加薪，當你為公司帶來足夠的價值時，你的獎勵一定會增加，否則公司只會眼睜睜的看你跳槽到競爭對手那裡。

我在風險管理部門工作時，部門內有一位名叫黛比（Debbie）的管理培訓生。接受銀行的培訓計畫、在幾個部門短期輪換後，黛比被分配到我們部門擔任全職工作。但是，她不想從事風險管理的工作，她的溝通技巧非常出色，覺得自己更適合銷售或交易的職位。

黛比從未放棄她的夢想。她每天早上七點主動到銀行交易室無償工作（幫忙檢查前一天的交易），然後早上九點再到我們部門上班。她在兩個部門的工作都做得很到位，一年後，黛比如願以償的被調到交易室，所有人都為她高興。

無償工作是一個艱難的決定，但它為黛比帶來了回報，改變了她的職涯方向。人們有時認為，他們可以默默等待內部調動出現。但希望不是一種策略，提供免費服務才是。

無償工作較難帶來立竿見影的職場進階成效，但長遠來看，它可以為你創造發展機會。要記住，沒有人會命令你犧牲自己的時間，你必須積極主動的尋找新任務，表達你的想法，就像黛比願意每天早上多做額外的工作一樣。

今天不計酬勞的付出時間和精力，日後你將得到回報。下次經過免費試吃的冰淇淋店時，你就會明白這一策略的意義，又要怎麼將這個策略應用在你的職業發展上。店家吸引你一次次光顧所帶來的收益，比贈品的成本高得多。

31 一邊盯CEO，一邊盯CFO

我偶爾會舉辦企業中層的晉級培訓。培訓開始時，我喜歡做一個不同尋常的破冰遊戲。我把小組裡互不相識的人組成一對，讓他們互相交換三件私人物品，比如錢包、手錶、戒指等，並花幾分鐘的時間研究一番。然後，我讓他們根據看到的物品，猜猜對方有什麼特點。我聽到的描述有井井有條、時尚、樸實、顧家男人等評語。

如果有人拿出一個舊錢包和兩件很新、很貴的東西，那麼，那個錢包很可能是心愛之人送的禮物，他保存了這麼久，應該是個感情豐富的人；大晴天還隨身帶著雨傘的人，應該很謹慎；有高規格手機和一些高科技產品的人，可能是個科技潮人。

然後，我會問參與者，聽到對方對自己的觀察後有什麼想法。他們大多同意對方的描述。雖然這個練習很簡短，但它確實說明，留意一些微不足道之處會有收穫，藉此，你可以快速掌握一個人的重要情況，與他建立深厚的關係。

此外，我外出散步時不低頭看手機，反而會在街上搜尋熟悉的面孔。你也可以試試看，你會驚訝的發現，自己能看見不少熟人，甚至還能碰到久未謀面的人。有一次，我在倫敦金融區金絲雀碼頭（Canary Wharf）過馬路時，瞥見了十幾年沒見的前同事尼克（Nick）。我們在人行道上聊了一會兒，如此巧遇一位老朋友真是太開心了。

搭飛機時也是如此。從北京飛往香港時，我通常乘坐週五下午六點的航班。在北京工作了一週的香港人，回家度週末時常常選擇這個航班，所以我總能見到熟人。登機時，我會一邊走，一邊留意過道兩側有沒有前同事、客戶或其他熟悉面孔。

如果你一直約不到的客戶，卻在這裡碰上，那麼三個半小時的航程可以讓你們聊個夠，對方也能全神貫注的聽你講話。

有些人今天是競爭激烈的對手，明天卻可能成為合作夥伴或同事，如果你認出他們，他們會很開心。一次簡短的空中交談，甚至可能成為一段合作關係的開端。

在街上、飛機上或任何地方，睜開雙眼看看四周，你就可能抓住社交機會。

環境越高壓，越該學會傾聽

我的第一份工作是外匯銷售，我的主要任務是接聽客戶打來的電話，執行他們的外匯交易訂單。現在外匯交易在電子平臺上進行，但在那個年代，我們採用手工操作。我坐在交易室裡，辦公桌上有一排排紅色LED指示燈，有電話進來時指示燈會閃爍。最上面兩排燈最重要，被稱為熱線。只要其中一個熱線燈開始閃爍，我必須立即按下按鈕，因為這是來自大型公共部門或跨國公司客戶的電話。如果客戶來電交易外匯，比如購買價值五千萬美元的日圓，我會透過麥克風向日圓外匯交易員大喊。

我們的對話會像這樣：

「美元換日圓，五十球。」我說。我們不使用百萬這個單位。

「二〇／二二。」交易員回應。他說的是，銀行買入價是一〇八．二〇，銀行賣出價是一〇八．二二。我們都知道大數字一〇八，因此只說小數點後的數字。

我立即傳達賣出價「二二」給客戶，詢問他們是否願意交易。如果他們同意這個價格，我會喊：「我的，二二！」

然後交易員確認交易執行：「二二，成交！」

那時的外匯交易並不是每一次都那麼順利。有時，客戶需要好幾秒的時間來考慮是否買入，而價格仍在波動。

我和客戶通電話時，也要留意交易員有沒有喊「off」，這表明價格發生了變化。我聽到交易員喊了「off」，就得在客戶決定之前立刻告訴他們。如果我反應不夠快，就可能讓銀行蒙受損失。

這一切都發生在幾秒內，在這個高壓的環境，我必須時刻豎起耳朵，一邊聆聽客戶的話，一邊聆聽交易員。

我早年接受過一個培訓，與「傾聽的價值」有關，而傾聽的重要性，每天都在交易室裡時刻上演。無論你做什麼工作，都該密切關注周圍的人說了什麼，尤其是在工作任務繁重的時候，傾聽技巧可以幫你掌握應該優先關注的事情。

多工處理能力，讓你負責更高級職務

不要讓別人告訴你，你不能同時處理多項任務，只要訓練自己，就做得到。如果你參加過大型國際會議，應該見過會場的角落有個小棚子，裡面坐著大會翻譯，演講嘉賓在臺上講，翻譯則將演講內容譯成另一種語言，透過耳機傳送給與會來賓。

這些能力出眾的同步口譯，幾乎可以完全邊聽邊說。有一次，我近距離接觸到一位翻譯。那時我帶著投行的併購主管去見客戶，主管是一位經驗老到的英國銀行家，客戶是中國一家大型企業的 CEO，我們要討論一筆潛在的併購交易。

併購主管不會說中文，而客戶不喜歡用英語交談。如果我自己做翻譯，會議時間會延長一倍，影響討論進展。好在這位 CEO 的私人助理海冰能做同聲傳譯；她就坐在 CEO 身後，一邊聽我的英國同事講話，一邊對著麥克風輕聲翻譯，CEO 則戴著耳機聆聽。

多虧海冰這種同時處理多項任務的能力，我的同事和客戶得以用不同的語言同步討論一個大規模收購計畫。這種技能並不是一朝一夕就能掌握的。在同步口譯培訓學校，學員們需要訓練大腦的多工處理能力。我知道其中一種訓練方法是，學生和老師一起爬樓梯，老師邊走邊和他們說話。然後老師會突然停下來，問學生他們剛剛爬了多少層臺階。這些翻譯人員不得不一邊交談，一邊數臺階。這種培訓不僅針對他們的語言技能，更是在強化他們的多工處理能力。

我同時處理多項任務的能力，無法與口譯師相比，但這個技能在我的工作中依然必不可少。假如我在打電話，團隊裡一個新人在與客戶談話。這時我必須一邊講電話，一邊側耳留意新人在和客戶說什麼，如果他們誇大其詞、提供了錯誤訊息，我就必須馬上介入。

發展多工處理能力，會讓你在職業生涯中承擔更多、更高級的職責。

你能不能做到眼觀六路、耳聽八方，同時完成首要任務？假設你在與客戶開會，對方的CEO和CFO同時在場，你應該同時關注他們兩個人。CEO可能是主講，但你也不能忽視CFO。觀察他們的肢體語言，你或許可以找到線索，判斷他是否同意CEO的話。一隻眼睛盯著CEO，另一隻眼睛盯著CFO，還要用一只耳朵留意你的同事是否想補充什麼。

在大型會議中，許多人只會關注自己與主管之間的對話，這代表你忽視了集體討論中可能出現的重要小細節。下次開會時，你要試著留意那些沉默不語的人的肢體語言，對每個人都要睜大眼睛看、豎起耳朵聽。**職位最高的不一定是最終決策者，也可能不是最有話語權的人。**留心觀察他們的行為，懷著好奇心傾聽，你會因此掌握更多訊息。

第 六 章

人生從不會一帆風順

32 當使命大於挑戰

我是現代建築的愛好者，一直很喜歡新加坡的萊佛士坊一號（One Raffles Place）。這座位於中央商務區中心的六十三層摩天大樓，曾是新加坡的最高建築之一。這座大廈建於一九八六年，由已故日本建築大師丹下健三設計，他曾獲得著名的普利茲克建築獎（Pritzker Architecture Prize）。大廈由兩個三角形結構組成，從一個角度看像一塊扁平的紙板，從另一個角度看又像一把刀。

某天路過這裡時，我有一股衝動，想去觸摸這座地標建築的側邊牆線。我很好奇那側邊摸起來是什麼感覺，是不是像刀一樣鋒利。我走近大廈，看到一位年輕女子站在樓前的路邊，試圖引起路人的注意。

她穿的不是商業服裝，而是藍色牛仔褲和灰色休閒上衣，胸前掛著員工證，手裡拿著一塊硬紙板。她顯然是在推銷什麼，但大多數路人都盡力迴避她的目光，更不用說與她交談了。

我突然對這位女子產生好奇，顧不上欣賞建築了。當今的數位世界，怎麼有人要在街上賣東西，也沒擺個精心設計的攤位？我走到那位女子跟前，問她在賣什麼，為什麼不在網路上賣，吸引更多人關注？這位女子名叫謝思怡，她告訴我她在為一家慈善機構募款，為負擔不起醫療費用的老年人提供免費藥品。

她說，利用網路來宣傳，可能會讓人同情他們的困境，但不太容易募集到錢。思怡補充道，慈善募捐時面對面才有效。這是個數字遊戲：平均每一百人中有一人會捐款，如果她想得到十筆捐款，她需要接觸一千名路人。

思怡的成功率只有一%，於是我問她，很多人像躲鯊魚似的躲開她，她是如何保持動力？大多數人在工作中大概每週會碰到一、兩次挫折，而思怡每天要碰壁數百次，她的臉上竟然依然帶著真誠的微笑。

思怡承認，她確實每天都不斷被人拒絕，這是這份工作最大的挑戰。然而，一旦有人捐款，就意味著這筆錢將用來幫助有需要的老年人，這讓她很開心，也讓她有了使命感。思怡接著說：「**當你的使命大於挑戰時，你就能克服挑戰**。」我被這句話驚豔了，她只是個剛剛大學畢業的年輕人，但她強烈的使命感感動了我。我掏出錢包，捐了一些錢。

她對待工作的這種態度具有更廣泛的適用性。我自己想做的事情很多，比如寫部落格、講課、輔導、舉辦研討會及陪伴家人。生活中，我面臨的最大挑戰，是要同時兼顧很多事情。我的日程從週一到週日都排得滿滿的，幾乎沒有空餘時間。但每當我收到關注者或學生發來的訊息，說我的文章和演講對他們有正向影響，我就會感到欣慰，認為一切都很值得。

在工作中，一定會遇到各種各樣的挑戰。挑戰大到招架不住時，你可以試想一個更大的目標和使命，用它來激勵自己。我回頭瞭望丹下健三大師設計的萊佛士坊一號，那麼偉大的建築，在設計過程中，他肯定也碰到不少挑戰，他的使命又是什麼？

33 做任何事，都要算出純利潤

如果你搭計程車時與司機閒聊，問他們：「師傅，今天生意怎麼樣？」有些人會回答：「還沒回本呢。」

他們說的「本」，是指汽油費和要交給計程車公司的租金。不管他們當天載客多少，這都是他們必須支付的營運成本，每天賺來的一部分車費都要用來支付這些成本。在這之後賺的所有車費，在他們看來，才是當天的純利潤。

但學校的會計課或數學課，卻不是這麼教的，反而教我們按平均數計算利潤。按照課本的計算方法，計程車司機的利潤是「每公里車費的平均減去每公里成本的平均」，這樣算來，司機只要一開工就產生了利潤，即使早早收工也賺錢了……事實真是如此嗎？

在計程車司機的世界裡，平均計算法並沒有實際用途。出租車公司向他們收取一整天的租金，所以如果太早收工，他們就虧錢了。司機工作的動力來源是他們賺取純利潤的信念。他們有時會餓肚子，數小時不上洗手間，一直不停開車，直到收入能支付當日成本為止。在那之後，他們從客人那裡收到的錢就都是自己的了。

計程車司機的這種思維是否過於簡單，無法應用於其他場合？不，事實上，這個概念在許多行業都適用。

去速食店點餐，收銀員會問：「要加大嗎？」你可不要低估多問一句的效果。如果你只買一份套餐，速食店減去成本（原材料、行銷費、租金等）後，其實賺得不多。但是，如果你「加大」，你多付的那些錢就是純利潤，因為收銀員只是幫你加份薯條、多倒點飲料，這些小行動幾乎不會增加成本。

賺取純利潤的概念甚至適用於銀行業。每年第四季度一開始，我所在公司的亞太地區投行業務主管，就會召集一次全體會議，告訴我們接下來三個月必須特別努力工作。他說：「今年上半年，我們的營業收入都用於支付員工工資、出差費、技術維護費和辦公室租金。最後一個季度的營業收入，將在很大程度上決定我們今年的獎金（純利潤）。」

主管不希望我們以為自己肯定能拿到年終，而就此鬆懈。他明確表示：「如果我們年末不再有業務成交，就拿不到多少獎金。」他說這句話時，我不禁想到在辦公大樓前排隊候客的計程車，司機們正抓緊時間努力賺取純利潤。投行業務負責人用同樣的簡單概念，鼓勵我們繼續努力工作。

其實，我不僅會從財務角度看待純利潤的概念。我經常運動，有時在街上慢跑，有時在健身房的跑步機上跑。前十五～二十分鐘是支付我的「成本」（熱身），此時沒有健身效果。支付成本後，我相信每多跑一分鐘都是純利潤——讓我更健康。我通常給自己設定三十分鐘的目標，但達到目標後，我會說服自己再多跑幾分鐘，反正都已經換上運動裝備、還熱了身。如今，我每次跑步幾乎都不會早早結束。

在工作或生活中遇到挑戰時，想想你付出了多少努力才有現在的成績，並記住，**只要再加把勁，就到了收穫純利潤的階段**。例如，你花了很多時間說服某公司跟你做生意，如果初次接觸時未能成功，千萬不要就此停下，再打一通電話，說不定對方就變成你的高品質連絡人了。

又或者，你學習了某項外語的基礎，但現在程度停滯不前，此時，你要督促自己多練習一會兒，好好利用之前課堂上所學的一切，再堅持一下，或許就能突破瓶頸。

下次你看到我在街上慢跑，問我跑得怎麼樣，我很可能會回答你：「還沒回本呢！」

34
餐點重要，還是服務重要

我在大學講課時，經常邀請同事、客戶和我認識的資深人士來與學生交流。馬傲文是掌管七十億美元地產基金的CEO，曾在我的課上介紹他招聘員工時看重的人才素質，其中有一條建議值得一提。

他告訴大家，求職面試時，「坦誠比令人印象深刻更重要」。這與人們想像的很不一樣，我們一般認為，面試時應當竭盡全力展現自己的各種才華。

我的一位學生對馬總說，面試時她感到壓力很大，不知道如何才能給面試官留下深刻的印象，求職競爭太激烈了。然而，這裡存在一種風險：為了給招聘經理留下深刻的印象、讓自己超越競爭對手、拿下那個令人垂涎的職位，我們有時會誇大事實，甚至不說實話。可是，這樣子拿下工作，上班後可能達不到雇主的期望。

如果有人問你能否完成某項任務，或是否擁有某個特定領域的專業知識，你最好誠實回答。就算知道你能力不足，公司仍可能錄用你，但不同的是你已經管理好老闆的期望，他知道你需要額外培訓；也可能你沒被錄用，但至少你不會被困於一個不適合的職位。馬總的演講結束後，我回顧了一下自己的職業生涯，反思自己有沒有努力在面試官面前讓自己顯得特別、有沒有因為坦誠而受益。

有一件事立刻浮現在我的腦海裡。

大學畢業後，我渴望去看看世界，體驗異國風情，了解民俗文化，但我沒什麼錢。於是我想，環遊世界的最佳方式，莫過於當一名空服員。有家航空公司恰巧在招聘，我便去了設在飯店的面試地點。考試中有一道題目，要求每人朗讀一篇英語文章，看看我們的英語程度是否達標。當時，有一個單字「expedite」，我不知道正確的讀音，幸運的是，我的一個朋友也來考，他便告訴我正確的讀音。就這樣，我順利通過了第一輪面試。

然後，我們去航空公司的培訓中心進行下一個環節。這裡還有一百多名候選人，我們十人一組，一起玩棋盤遊戲。組裡咄咄逼人、沉默寡言的人，都過不了關。遊戲結束後，面試官從組裡挑出兩人，其中一個就是我。我們留下後，面試官對另外八人說：「你們可以走了。」

隨後，每組選出的人繼續前往訓練場館內的游泳池。被選中的人要游五十公尺，以此證明飛機迫降在水上時，我們有游泳能力。

我順利通過了這關。一想到很快就能環遊世界，我就激動不已。我們出了游泳池，換好衣服，聚在一起喝茶。主持面試的是航空公司的一位高級經理——一名高大、氣勢威嚴的中年男子。我們一邊喝茶，一邊閒聊，他問我們：「你們認為什麼更重要，是服務還是餐點？」我毫不猶豫的舉手回答：「餐點更重要。」

……沒想到，他揮揮手說：「你可以走了！」

開玩笑的，他並沒有馬上把我趕出去，但兩週後，我就收到一封未錄用通知。沒有回答好他的問題，導致我在最後功虧一簣。面試官想聽的答案，當然是優質航空公司以服務為先，或是餐點和服務同等重要。

然而，那時「餐點」是出自真心的回答。在那之前，我通常都在小販中心吃飯，選擇去哪裡用餐，只考慮食物是否好吃，既不重視服務品質，也沒有體驗過優質服務。

我的答案雖然真實，但不令人滿意，不過，這讓航空公司和我都受益了。雖然我很想環遊世界、很想當空服員，但那時的我沒有服務意識，可能會為乘客提供小販中心式的服務，這對公司和我來說，都是有害無益。

在面試中因為坦誠而錯失一份工作，短期內你可能會感到失望，但從長遠來看，這可能是最好的結果。如果你不能忠於自己的想法，便會在工作中為自己設置不必要的挑戰。我要感謝面試官沒有錄用我，他知道我不適合這份工作。

35

談談自己的糗事

二十一年前，我向普林斯頓大學申請攻讀運籌學（Operations Research）和金融工程博士學位。那時，我雖然已經在金融業工作幾年，但對教學和學術研究產生了濃厚的興趣。運籌學和金融工程利用數學方法解決金融問題，在當時是熱門的新興領域。另外，我很渴望進入著名的常春藤盟校讀書，最終成為全職學者。

遞交申請幾個月後，我收到了普林斯頓大學的回信。打開信，我立刻搜尋「遺憾」一詞，希望不會出現……但是，這個詞赫然躍入眼簾。

親愛的沈先生：

您向普林斯頓大學提交的入學申請，本校研究生院相應院系已收悉。遺憾的是，我們現在無法為您提供入學名額。然而，從您的申請資料中可以看出，您可以成為一名優秀的研究生，我們過一些時間再做最終決定。因此，我們已將您列入候補名單（Waiting List）。

二十一年過去了，我還在等待（Waiting）！

這不是我第一次談起申請普林斯頓大學博士學位被拒的失望，我在LinkedIn的自我介紹上也提過。我覺得，談談自己的失敗經歷、透露一些弱點，有以下四個好處：

1. 令你更值得信賴：願意談失敗經歷或自身弱點，表明你能真實看待自己，也能真誠待人，人們會因此更信任你。與人發展關係和做生意時，信任是最重要的。

2. 令你與眾不同：大多數人在社群媒體上只展示生活中的美好，諸如度假時的快樂時光、升職加薪時的歡欣鼓舞等，因此，說說自己的糗事、失敗經歷、弱點，能讓你的文章脫穎而出，讓人耳目一新。不過，請記住要保護隱私。

3. 令別人更易與你產生共鳴：人們談論弱點或糗事時會變得可愛、有人情味。世上無完人，誰沒有不足之處？別人聽了你的糗事反而會更認同你、與你產生共鳴。相比那些自吹自擂、讓人心生妒忌的文章，談論自身弱點或糗事，會讓認識你的人支持你、甚至指點迷津。

4. 令你接受自己：談論失敗和弱點，意味你接受了自己的不足。要不學會與它共生，要不採取行動改正，坦然面對自身缺點，會降低你一直追求完美的壓力，也是一種解脫。最糟糕的就是否認自己的弱點，假裝自己是出色的人。不過要記住，這個失敗如果是你尚未復原的傷口，那就等一段時間再來談論；如果你的弱點是一道疤痕，傷口已經癒合，儘管那道疤痕很難

圖 6-1　我的職業生涯

我的履歷長得像這樣：

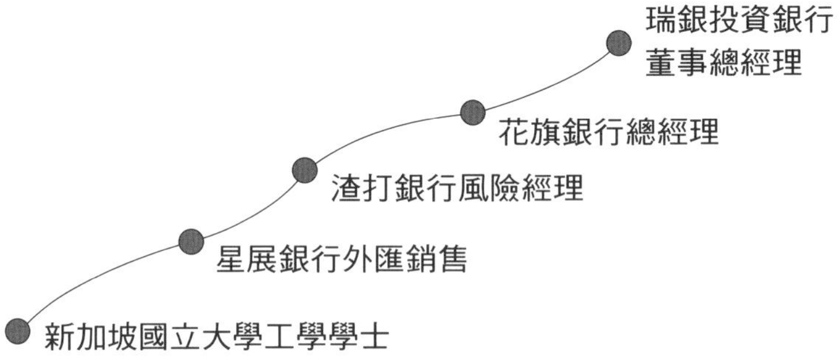

我的實際經歷：

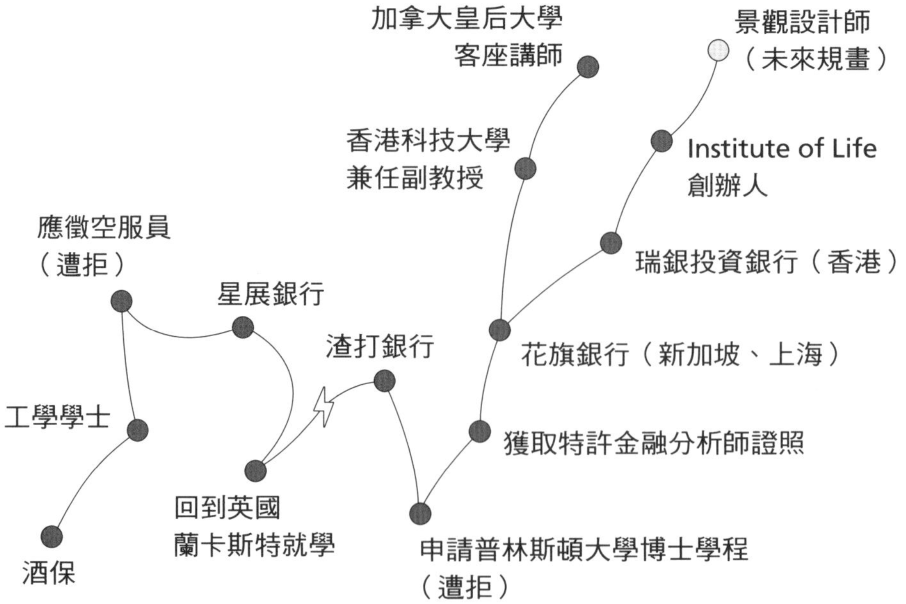

ϟ＝亞洲金融危機

看，但把它說出來可以幫助你接受自己。**分享傷疤，不分享傷口。**

當面試官要你談談你的失敗經歷和弱點時，不要藉機展現自己的能力和優勢，此時要避免給出「我是個完美主義者」或者「我不會休息」這樣的回答，機智的招聘經理會立刻識破你的意圖。你應該講一個在工作或生活中經歷失敗的真實例子，然後說說你如何接受失敗並從中吸取教訓，或者最終如何克服了它，或者正在努力克服它。無論你處於哪個階段，一定要告訴面試官，經歷失敗如何錘煉了你，令你更加強大。

王川是我的一位MBA學生，他拿到了一家私募基金新加坡分部的面試機會，這家基金管理一千多億美元的資產。王川請我幫他準備面試。他從香港抵達新加坡的那天，我的日程排得滿滿的。王川一下飛機，就從樟宜機場搭計程車來到我的住所，放下行李直奔……理髮店。

我馬上要做一場演講，演講之前我約了理髮。所以，王川坐在我旁邊的理髮椅上，我當場幫他做了一次模擬面試。

王川的主要弱點是口語表達能力，他自己也同意。在與客戶面對面交流時，他無法能像其他人那樣流利的表達自己。我告訴王川，他應該坦承自己口頭表達能力不足，因為面試官很快就能看出來。然後，他應該向面試官解釋，自己是如何克服不足、用其他方式與客戶建立、保持牢固的關係。

後來在正式面試時，王川坦言自己第一次見新客戶時會覺得有點困難，但他會透過出色的工作、定期聯絡、偶爾為客戶買些小而周到的禮物，與他們建立信任。最後，他被錄取了！

早年我負責結構性產品銷售期間，專門販售衍生性金融商品時，我總會向客戶提示該產品的缺點和潛在風險。正因為我披露了產品的風險，客戶才會更信任我。這一理念同樣適用於我們的生活和工作。我們應聘某個職位、與同事打交道，或在社群媒體上發文時，談談自己的弱點與呈現優點同樣重要。

36 同用一個碗

如果工作的時候一直有人盯著你、擔心你做不好，你肯定會感到不自在，甚至無法忍受。或許你的主管事必躬親，關注雞毛蒜皮之事；或許公司受到嚴密的行業監管，必須嚴格遵守合規政策。然而，與此相比，還有一件事更有挑戰性——獨自工作，無人監管。

我的父親是個街頭小販，他在新加坡賣了三十年的蝦麵。每天一大清早，他用蝦殼、豬骨和用焦糖炸過的大蒜煮一大鍋高湯。從小學到大學，每個週末和學校假期我都去幫忙父親。十幾歲時，我很不願意早上七點半就到小吃攤幹活，更不喜歡手上退不去的蝦腥味。

我的主要職責是洗碗，攤位上只有一個自來水小水槽，緊挨著灶臺，我們就在這裡洗廚具、洗手。至於碗碟，我們採用「三桶水流程」來清洗。

第一個水桶較深，加了洗碗精，所有顧客用過的碗和餐具都要放進去浸泡一會兒。浸泡後，我用海綿將每只碗的裡外都擦一下，然後將碗浸入第二個裝有清水的桶，把洗碗精洗掉。接下來是第三桶水，用於最後一次沖洗，然後擦乾，碗就可以再次使用了。洗了五十到六十個碗後，第二桶水會變得渾濁，我就要換一桶清水。

高中時期，在我服兵役前一年，父親開始讓我為顧客煮麵條。有一天中午，我想幫自己煮碗麵吃，就走到桑拿房般熱氣騰騰的灶臺邊，煮著麵條的水滾滾翻騰，不停冒著蒸氣。我從乾淨的碗架上拿了一隻「公雞碗」（碗上的圖案是一隻黑紅色的公雞），到水龍頭下沖洗。

父親看到了，說：「不要再洗一遍。」[1]他嚴厲但小聲的對我說，以免讓顧客聽見。我愣住了，不知道自己哪裡做錯。看到我一臉茫然，父親說：「如果碗對顧客來說夠乾淨，那麼對你來說也夠乾淨了。」

有時我們在餐館吃飯時，服務員端上來的碗碟邊上還黏著食物殘渣，你是不是也碰到過這樣的事？因為對自己先前洗的碗不放心，所以我又洗一次。但我沒意識到的是，這其實是在質疑父親和他多年來行之有效的三桶水洗碗法。如果此時突然有顧客來到攤位前，看到我這樣做，肯定懷疑我們的碗沒洗乾淨。

聽了父親的話，我洗碗時更用心了，讓自己之後用碗時不用多洗一次。那一天，我學到了一個關於職業道德的重要準則：**即便沒人在看，也要認真做事**。這並不容易，偷懶、走捷徑很誘惑人，但違反規定的人，最終逃不過公司或行業監管機構的法眼。

這個「同用一個碗」原則，伴隨我從小吃攤進入銀行。我賣給客戶的金融產品，必定也是我自己願意買的。在短期內，這種執念可能會讓我損失一些交易，但我知道，由此收穫的客戶信任，最終一定會讓我受益。

---

1. 作者按：其實我父親是用新加坡福建話跟我說的：「免洗加一擺，乎人客看著，真歹看。」

37 機場測試

我邀請蘇偉單來我在香港的辦公室。他是一家銀行的校園招聘負責人，知道我替在校學生和剛入職場的年輕人做過很多培訓，就來和我聊聊。蘇先生告訴我，他每次都很難選人，因為前來應聘的學生個個成績優異、技能嫻熟。

我問他最終選人的依據是什麼。他說，他會進行「機場測試」，也就是心想：**假如出差途中航班延誤，你與候選人一起被困在機場三小時，會覺得有趣嗎？談完了工作、轉換話題談起私事時，你願意繼續和他聊天嗎？**

你每天與同事一起度過的時間，甚至比伴侶還要長，因此，招聘經理喜歡僱用有意思的人一起共事。

雖然招聘經理不會直接向你提及機場測試，但面試時，他們會透過你講的故事來推斷你能否過關。如果你被問到興趣愛好，不要只是簡單羅列，講點與之相關的故事，將之描述得生動一些。

跟你履歷上寫的事實相比，你講的故事更能打動人心。我建議你準備幾個好故事，與各種類型的人談話時可以隨時拿出來講。會講故事，不僅可以在面試和與同事交往中發揮作用，在與客戶建立聯繫和開會時也很有價值。不要因為你的背景與面試官不同，就不敢講自己的故事。越來越多雇主想招聘想法多樣、能創造價值的人，藉以提高團隊的生產力。

什麼樣的故事才是好故事？一則好故事的三個基本要素是：背景、衝突（問題或挑戰）和圓滿結局。一旦有了這些元素，就可以在不同場景下講述、滿足不同目的。

一個故事，多個用途

在我的高中成績報告單上，老師的評語是「柔聲細語、膽小」，建議我學會與同學打成一片。幾年後，在大學讀工程學時，我決心解決這個問題，並克服怯場的心理障礙。我找到大學舞蹈團的編舞彼得（Peter），問他：「我能不能參加下一場舞蹈演出？」

得知我沒有舞蹈經驗，他猶豫了一下。

「你是工程系的，會跳舞嗎，文才？」

「不太會，但就算只是站在其他舞者後面我也願意。我會怯場，想體驗看看站在舞臺上的感覺。」

「你願意舉傘嗎？」

「讓我舉什麼都行，彼得。」

「那好，你來吧。」

我在那場舞蹈演出中，站在舞者後方，打開紅雨傘兩次，這小小的行動讓我信心大增，這個信心最終引領我成長為大學講師和演講家。

在這個故事中，背景是我大學的校園生活；故事中的癥結點是我個性膽小，害怕在觀眾面前講話；結局是我參加了舞蹈演出，多年後克服了怯場。

這個故事的妙處在於，我可以用它來說明多種觀點，很多故事都是如此。我能以此展示我如何克服弱點；同樣的，也可以用這個故事強調耐心和毅力的重要，因為我花了很多年才克服怯場的毛病。還有，如果面試官要我分享走出舒適圈的實際經驗，這也是個非常合適的例子。

現在，我們來做一個簡短的練習。首先，想一件幾分鐘內可以輕鬆講完的生活小故事，包含背景、衝突和結局；其次，開始腦力激盪，從故事中挑出立即浮現在你腦海中的一些關鍵詞，如耐心、領導力、克服挑戰等；最後，將關鍵字擴展成這則故事的潛在應用場景。

例如，我可以用舞蹈演出的故事來展示我所欽佩的領導才能，強調彼得沒有拒絕我的請求、給了我機會。你每講一次故事，就要在腦海中找一個清晰的理由。完成這個練習後，你就能很快找到多個理由，利用同一則故事回答不同問題。

會講故事，能讓別人覺得你是個有趣的人，也能讓自己強化內心、增強韌性。面對下一個重大挑戰，想想你過去是如何克服障礙的。另外，把這些成功故事講給家人和朋友聽，重複講同樣的故事，可以增強自信，讓你面臨的困難看起來不那麼令人畏懼。

第 七 章

放手一搏，
必有回報

38 買機票碰碰運氣

高原是我二十年前讀金融數學碩士時的同學。他精通這門學科，後來還讀了博士；我卻因為經常出差而無法上課，讀了三個月便選擇放棄（在這之前，我已經在英國讀了金融碩士）。

高原最近和我談起他博士畢業那年，我幫他安排到我上班的銀行面試。他最終沒有接下我們公司的職缺，很多公司競相邀請他，最後他選擇到另一家國際銀行開始了風險管理的職業生涯，並且事業發展得很成功。不管怎樣，高原很感謝我當年給他提供的幫助，我們一直保持著聯繫。

有一天，高原問我是否可以為他的實習生宋超燃提供一些職涯建議。小宋已經在高原所在銀行的新加坡分行工作了一年，從事量化模型驗證。小宋的實習是中臺[1]的職位，實習期即將結束。他希望能在風險管理部或前臺交易室找到一個穩定職位，但高原沒有員工名額，無法再招新人。這讓小宋越來越焦慮，因為無論他多麼努力，都無法在新加坡任何一家銀行找到合適的工作。

當時我在香港工作，所以透過視訊和小宋進行了一次通話。從這次通話中，我能看出他是一個聰明、勤奮的年輕人，工作態度認真。他的學術背景非常傑出，擁有法國一所著名學府的金融數學學位。但是，和許多應屆畢業生一樣，他不知道要如何開啟自己的生涯。

「你願意來香港工作嗎？」我問小宋。

「我願意。」他回答。

「我這裡沒有適合你的職位，但是我建議你飛來香港見一些人。你來的話，我可以介紹一些業界人士給你認識。」

小宋沉默了一會兒。我看得出來，他在想有沒有必要飛兩千六百公里，就為了碰碰運氣，盼望遇到一個能給他工作的人。我向他解釋：「在香港，不是所有職位都會發布招聘廣告，如果你親自來這裡和一些主管見面，肯定會有好處。即使你不能馬上找到工作，也可以來看看香港的金融業是什麼模樣，認識一些將來能幫助你的人。」

我們沒有做具體計畫，就結束了通話，但那天晚上，小宋告訴我他預訂好飛往香港的航班。「認識人」這三個字一直在他的腦海裡縈繞。安排好行程後，他聯繫在新加坡做交易的同事，說自己要去香港，希望去香港分行看看有沒有機會。他的同事立即給了他幾個連絡人，小宋發信給他們，表示非常希望能與他們見個面。

在小宋動身前往香港前，香港交易室就有三個人同意見他。小宋週三抵達香港，接下來的兩天一直在與人見面。週五晚上，他來參加我的聚會，告訴我他不虛此行，見了很多非常能幹

---

1. middle office，金融服務機構可分為前、中、後臺，中臺主要由風險經理和訊息技術經理組成。

的人。週末他飛回新加坡，週一便得到了一份夢寐以求的工作——在一家國際大投行從事股票交易。

對一個年輕實習生來說，小宋這趟旅程是筆不小的開銷，他做這個決定完全只是想碰碰運氣。不過，這個小行動產生了滾雪球效應：與朋友聯繫，認識業界人士，最終找到工作。如果小宋的想法保守，結果可能就不一樣了。

如果他打算先安排好見面再預訂機票，經理們可能不想在還沒發布徵才訊息時，就讓一個實習生花機票錢，因而拒絕他的見面請求。但小宋是以私人理由來香港，就減輕了經理們的負擔。他只是簡單的請他們花三十分鐘的時間、一起喝杯咖啡，沒有其他請求。

讓小宋得到這份工作的，不是我讓他來「認識人」的建議，而是他的決心。沒安排好任何會面，他就確定了香港的行程，這是他成功的原因。小宋告訴我：「我很高興自己大膽邁出了這一步！」你可能認為小宋很幸運，能從我這個資深專業人士這裡得到建議。事實上，我給過很多人類似的建議和機會，他只是其中一個；但是，並非所有人都體認到這些機會的價值，成功抓住這些機會的人更是鳳毛麟角。

你正在讀這本書，就說明了你已經在採取行動提升自己。讀完這一節，你可以寫一篇社群媒體文章，介紹你在工作或學習中收穫的經驗與教訓，然後加上標籤「#66個小行動」、「#66smallactions」。說不定你會有所收穫。不過，我不能保證你一定成功，就像小宋買機票時，心裡仍沒把握一樣。你想碰碰運氣嗎？

39

維持現狀，比做出改變還危險

不僅創業時要冒風險，員工在職業發展中也要冒一些風險。

我在銀行工作兩年後，決定多學習一些金融知識，還想體驗一下海外生活。在那之前我從未去過西方國家，哪怕是短暫的假期旅遊也沒有。我前往駐新加坡的英國文化協會，了解英國的生活和學習情況，發現有些獎學金可以資助我去英國讀碩士。

我沒有申請倫敦的大學，因為我知道即使有獎學金，我也負擔不起那裡的生活費用。我發現位於英格蘭北部農村地區的蘭卡斯特大學學費相對低廉，排名也不錯；住在那裡，生活費用也比在大城市低得多。我申請並獲得入學名額，但沒有拿到獎學金，所以我決定放棄。

然而，一週後，我又重新開始考慮。我算了算自己兩年來辛苦工作攢下的積蓄，思考如果沒有獎學金，我能不能負擔學費和生活費。我發現，如果畢業後不去環歐，我大概可以應付十個月的生活費（金融碩士課程為期一年）。我母親勸我不要去英國深造，在她看來，我才工作兩年就放棄一份好工作，太不理智了，除了要花光所有積蓄，我還少賺一年的薪水。

但是，我還是去了蘭卡斯特大學。我想，萬一最後幾個月沒錢花了，我可以刷信用卡。這些花費是對自己的投資，將來能幫助我找到結構性商品相關的理想工作。我是個從沒出過亞洲的城市男孩，對我而言，去國外農村生活將是一個新體驗。我一生中從未見過綿羊，而蘭卡斯特現代風格的校園周圍有很多農場，裡面有數不清的綿羊！

那麼，去蘭卡斯特的這趟冒險，有沒有給我我當初預期的回報？沒有，但從長遠來看，碩士學位推動了我的職業發展。碩士畢業後四年，我終於得到了夢寐以求的衍生品銷售工作，在英國學到的知識和技能，此時有了用武之地。

在蘭卡斯特大學讀書時，我發現我自己還對教學感興趣。我的一位授課教授何博士，同時還在英國一家銀行工作。雖然我發現他為人有點自大，但他兼職授課一事一直影響著我，讓我知道在銀行工作與在大學講課可以兼顧，並不衝突。

離開新加坡到國外生活，也開闊了我的眼界，讓我不再那麼天真。看到不同文化後，我開始用國際化視角看待人生。我第一次來英國時，對歐洲裔建築工人感到震驚，因為那時候新加坡的歐洲裔都是白領。我的同學也非常多元化，我得以與來自世界各地、有不同背景的人一起學習、聚會、交流想法。

有些人認為，搬去新地方，是在冒一個很大的險——的確如此，但對我來說，一直留在老地方的風險更大。如果我繼續留在新加坡從事一成不變的工作，我的職業生涯可能會因為能力有限而停滯不前，我也不會有這麼多的海外經歷。去英國讀書、生活沒有立刻給我帶來好處，但它徹底改變了我的人生。

調去外地，讓我獲得長遠的回報

二〇〇五年，我在一家美國銀行工作。看到中國銀行業開始蓬勃發展，為了趕上商機，我請求從新加坡調到上海。我們銀行的上海分行剛搬進一棟光鮮亮麗的新大樓中，在那裡，我還可以培訓初階員工。

從很多方面來說，這都是一個好時機，但其中也有風險。第一，我在新加坡的工作做得很好，有很好的本地客戶網路；搬到上海後，需要在新的市場從頭開始建立客戶關係，同時還要適應當地的商業規則；第二，中國市場巨大，要我管理中國團隊，我不大有自信。不過，我還是決心前往上海。

我費了些時間，適應上海溼冷的冬天及不同於新加坡左側行駛的交通規則，最終安頓了下來。那是我職業生涯中一段很難忘的經歷。無論來上海出差多少次，也不能與長期在那裡工作和生活相提並論，尤其正值上海發展成為金融中心的關鍵時期。

二〇〇五年七月二十一日下午六點，我收到一位同事的訊息，告知人民幣放棄與美元的固定匯率了。「他在開玩笑吧！」我心想。

一九九四年以來，人民幣一直盯住美元，匯率穩定停留在八．二八。官方新聞證實了這一消息，報導中國推出新的貨幣政策。那是我在中國期間親身經歷的重大事件。

我搬去上海當然有點冒險，但我非常享受在上海的時光，並從中獲得了長遠的回報。我與許多中國同事和客戶都成為朋友，一直保持著聯繫。我在上海學到的知識、建立的人際關係，讓我幾年後在香港找到一份更好的工作。在此期間，我還大大提升了我的普通話，後來才有機會利用業餘時間去中國頂尖大學講課。如果我留在新加坡，我的職業生涯將再次面臨停滯不前的危機。

在工作上偶爾冒點小風險

我在香港投資銀行工作時，去外地出差必須安排三個會議，主管才會批准我的出差申請。但是，如果只去見一位重要客戶，我會直接預訂，因為客戶的日程排得很滿，稍有延遲就可能錯過會面機會，甚至錯失一筆生意。客戶是不會坐等銀行業務員上門的。

我會告訴主管我的出差計畫，並說如果我安排不了另外兩個會議，我願意自己承擔出差費用。我甘願冒無法報銷費用這個小風險，因為我知道能與重要客戶見面，對我來說有多麼重要。抱著這樣的心態，你終會有收穫，我準備好自費去見重要客戶，但最終往往也能說服主管批准我的報帳申請。

即使你的工作沒有出差的必要，你仍可以冒一些小風險。你可以請求和另一個部門一起做企劃，或開始自己做些決定，而不是一直徵求主管的意見。即使你的冒險出了錯，也能幫助自己提升專業能力。

如果你要做個有風險的決定，在那之前，你必須確保即使主要目標失敗了，也能從中得到一些收穫。例如，即使我在上海工作時沒能服務好中國客戶，有機會了解中國的商業規則也是很寶貴的收穫。另外，一旦決定冒險，就要做好長期打算，比如，我為自己定下從事衍生品設計的職業目標，就比預期晚了四年才實現。

無論你是雇員還是創業者，所有投資都會有風險，包括對自己的投資。但是，如果不投資自己的事業，就會被甩在後面，你的技能終將過時，尤其是在當今技術飛速進步的時代，**維持現狀的風險，往往大於做出改變的風險**。

40 將不幸變有幸

這是一次私人旅行，我事先計畫得很妥當，打算充分利用每一天，與倫敦的同事和朋友見見面，再結識一些新朋友。我在倫敦正樂得其所，突然收到公司發來的一則訊息，要我取消休假，馬上回香港，工作上出現一些意外需要緊急處理。這當然很掃興，但最後一刻出現變化，是這份工作的常態，我已經習慣了。於是我取消剩下的行程，改了回程航班的時間，前往倫敦希斯洛機場（Heathrow Airport）。

在路上，我開始思考如何將假期突然縮短的不幸變成「有幸」。登機後還未就座，我便想好了：我要與鄰座的旅客聊天。在飛機上與陌生人攀談不是我平常會做的事。

我向鄰座女士自我介紹，之後便閒聊起來。我提到自己對攝影非常感興趣，她告訴我，她的公司有相機生產許可，是一家曾以生產相機底片聞名的公司。她此行是為了去拿一款樣品——可在水下使用的三百六十度全景相機。她很熱情的向我介紹了這款具開創性的相機。

在我們抵達香港的第三天，我請她去我最喜歡的日式料理餐廳吃飯。結果，她送給我一臺她在飛機上介紹的新款相機，請我測試。我是她公司以外第一個使用到這臺相機的人！在接下來的幾天，我便用這臺三百六十度相機拍攝了一段有趣的影片，拍我的孩子們在游泳池戲水，沿著滑梯滑下、落入游泳池裡。

雖然被迫提前回香港，但在航班上鼓起勇氣與人聊天，為我帶來好運，讓我收到最新款的水下相機。

我還有一次把不幸變成有幸的經歷。一個週五的下午，我從上海飛回新加坡，計畫週六與家人和朋友聚會，週日返回上海。然而，在週六晚上，我的牙套壞了，而我在新加坡的牙醫週一才上班。因此，我決定在新加坡多待一天等看牙，因為不想帶著牙齒問題坐長時間的飛機回上海。

這也是個不太好的狀況：我本想回上海工作，而不是在新加坡看牙。於是我開始想辦法把不幸變有幸，想想原本在新加坡沒有任何安排的週日要如何度過，我可不想懶散的過完這一天；於是，我打電話給一位房產經紀人，請她帶我去看一處房產。有個房地產開發商規畫在索美塞站[2]和新加坡著名的購物街烏節路的南邊，建造一棟新的公寓大樓。我熱衷於房地產投資，便想去這個地方看看。

那棟新公寓的地理位置方便，我覺得在這棟樓裡買一套兩房公寓，應該是一筆不錯的投資。回到上海時，經紀人傳真（這是十五年前的事了）一份公寓平面圖給我。我覺得看起來滿不錯的，便買了一套。我現在仍然擁有這套公寓，自那以後房價大漲。那個週末不得已更改了

2. 編按：新加坡地鐵南北線的一個車站。

航班，真令人慶幸！

工作變動，是建立新社交圈的機會

那一年，我成了一家國際大型投資銀行的總經理，像我這種出身的人，實在難以想像會發生這種事。但這個崗位在香港，我無法說服新主管讓我留在新加坡工作，而我剛離開香港還不到兩年，又得再搬回去。無奈之下，我只能賣掉汽車，攜家帶眷回到香港。我很享受在新加坡的生活，離開這裡讓人不捨，因此，我對新工作略有不滿，但我決心充分利用這次工作地點變動所帶來的機會。

在香港，我是個外國人，我告訴自己要盡可能多參加活動，在一年內在這個城市建立起我的社交圈。我的朋友露西亞（Lucia）邀請我去參加義大利商會[3]主辦的社交晚會。我不認識參加活動的任何人，這讓我感到不太自在。我比較內向，過去參加這類活動，我和陌生人聊一下就會直接回家休息，但是，那天晚上我過得很愉快。從此以後，我便開始參加各種我過去會拒絕的社交活動。

我的一位新加坡客戶當時也被調到香港，有一次，他建議我們一起參加香港的新加坡協會舉辦的活動。我通常不會去這種聚會，因為我已經在香港認識很多新加坡人了，但因為我已經決定要盡可能多參加社交活動，於是便欣然前往。

後來我又去過幾次協會的活動。在一次活動中，我說起我鍾愛新加坡街頭美食，協會主席建議我為大家做一次演講，談談從新加坡小販身上可以得到什麼商業啟示。我答應了，甚至還帶來自己的菜刀和砧板，當場展示小販怎麼切菜。觀眾聽我演講、看我示範，樂得哈哈大笑。在那之前，我只做過金融方面的演講，所以那次演講，其實開啟了我身為演講家更廣闊的職業生涯。

我最初不願意回香港，希望留在新加坡。但是，借助一點點冒險精神，充分利用每一個機會建立社交圈，我把無奈搬家這個不幸變成了有幸。在新加坡協會的演講，為我開闢了一條全新的職業道路，帶來了更多的演講邀請，甚至還成為TEDx主講人。

人生充滿未知與不確定性。計畫有變時，我們常常盼望事情最終有個好結果。不過，與其祈禱好事發生，不如採取行動促使它發生。出現意料之外的糟糕局面時，扭轉乾坤需要盡一些力，但這些努力是值得的。下一次當生活或工作向你拋來一些挑戰時，想想看，怎樣才能把不幸變有幸。

3. 編按：旨在促進中義經貿合作的外國商會。

41 戰勝尷尬癌

我在亞洲幾所大學講授銷售技巧。掌握銷售技巧，對職場成功至關重要。在管理諮詢、法律和投行等行業，隨著職位升高，銷售能力也越來越重要。負責爭取數百萬美元訂單的人是合夥人和董事總經理，而不是他們的部屬。

在銷售課上，我喜歡利用角色扮演遊戲活躍課堂氣氛。我會請學生主動上臺推銷降噪耳機，不過，我總要連哄帶騙，才有人願意上臺表演。大多數學生都會擔心自己推銷失敗，不想讓自己尷尬。但是，受益最多的往往都是自願上臺的學生；即使表現不好，體驗不佳，他們仍然可以從所犯錯誤中吸取教訓，對所學內容記得更牢。

我很理解大多數學生坐在教室後面，不提問、不積極參加角色扮演遊戲的心情。我在大學時也是這樣。但我現在明白，如果能夠克服害怕的情緒，就可以創造與人交流的機會。

每個班上都有幾個學生，比其他人更積極一些。我曾在清華大學蘇世民書院講授談判技巧。這個學院每年都有來自世界各地、獲得全額獎學金的研究生，傑克（Jake）是蘇世民書院的美國留學生，我上完課後他走過來，問我在北京逗留期間，可不可以和一位同學來與我聊一聊，他還想問我一些問題。

我的日程排得很滿，但我同意在和一個客戶吃完晚餐後，在飯店與他們見個面。我們在飯店大廳聊天，傑克向我請教社群媒體上的思維領導力問題，他對這個話題很感興趣。於是，我同意幾個月後來蘇世民書院講講這個話題。傑克和我一直保持聯繫，他在中國學習期間，我成了他的導師。

請求與比自己職位高、資歷深的人見面，需要勇氣，尤其在你不認識對方的情況下，很容易遭到拒絕，因而感到尷尬。但如果你遇到一位有啟發性的人，就應該積極爭取機會，因為，與他見上一面，說不定就足以改變你的想法，有時甚至可以改變你的人生。

斗膽聯繫CEO

中國一家社群媒體公司曾請我幫忙，邀請一位銀行業CEO參加「總裁問總裁」活動——幾家大公司的領導者一同探討宏觀商業問題，並錄製成影片。我很想幫他們牽線搭橋，但又有點猶豫，因為我和銀行CEO不太熟識，突然聯繫他們，彼此都會很尷尬，我擔心會被這些位高權重的人拒絕或忽視。但是，回想起那些這些年來，勇敢鼓起勇氣找我談話的學生，我很受鼓舞。他們教會我，尋求幫助時不要感到尷尬，被拒絕也沒那麼糟糕。

我鼓起勇氣，直接發郵件給一家美國銀行的中國CEO。我知道提出請求時語氣必須恰當，這很重要。強硬的推銷對CEO不管用，所以我首先提到他們銀行的全資收購業務計畫，表明我對他們銀行很了解。我還建議他在影片中談談股票資本市場，因為我知道這是他的專長。最重要的是，**我並沒有直接請他來參加拍攝，只是詢問是否可以將活動的具體訊息發給他。我盡量準備好一切，方便他說「好」**，但也沒抱太大的希望。

沒想到，這家銀行的公關團隊第二天就聯繫我，索取活動介紹。之後，這位CEO參與了影片拍攝，活動非常成功。幸好，幫社群媒體公司聯繫CEO的心願，戰勝了我最初的尷尬癌。

做大會上首個提問的人

去參加會議時，我會盡量坐在前排，在會議提問環節最先舉手提問。許多人太害羞，不敢在很多人面前舉手發言。但是，如果等別人打破僵局，就會有一大堆問題蜂擁而至，此時你就會錯失良機。所以，你要爭取問第一個問題，並且問一個有想法的問題。在數百人面前站起來說話，你會感到緊張、尷尬，那為什麼一定要這麼做？因為你不僅可以聽到演講者的答案，還能在會後的交流會上更輕易的和別人交談。若想認識你，與會者不必找話題閒聊，可以直接問你：「你剛才提的問題非常好，你覺得嘉賓的回答怎麼樣？」

害怕失敗，是我們感到尷尬、不敢行動的主要原因。也許我們擔心自己在大會上的提問不太切題，或是資深人士不想見我們。但是，如果等到確信自己一定會成功時才採取行動，那你人生中的選擇就會大受限制。所以，我們更該硬著頭皮，用尷尬換取機會。

42 找適合自己的市場

我剛和客戶在香港一家飯店的鐵板燒吃完午飯，一走出餐廳，我的裁縫查蘭（Charan）舉著我訂做的新西裝在等我。從新加坡出差到香港的前兩週，我發了訊息給他，請他用和以前一樣的布料和深藍色，幫我做一套西裝。我是查蘭的老主顧，所以他有我的尺寸。

我在香港的行程很緊張，只有十五分鐘的時間可以試穿，服務周到的查蘭便把西裝送到飯店。我們走進飯店的洗手間，裡頭有一面全身鏡。我換上西裝，查蘭又比對了一下，發現要對後背和褲子的腰圍做些小調整。與上次訂製衣服時相比，我一定是胖了。

查蘭返回他在九龍的裁縫店，我去中環開下一個會。那天晚上我回到飯店房間時，看到西裝已經送到了，飯店服務人員已經把它掛進了衣櫃。我再次檢查這套衣服，發現查蘭不僅在上裝的內袋裡繡上我的名字，竟然還在衣架上刻了名字。服務也太周到了！這套衣服做得非常合身，褲子右邊的口袋裡，甚至還有一個隱藏的小口袋，專門用來裝手機，防止手機四處移動或掉落。我對查蘭的效率、工藝和服務實在太滿意了。

但是，為客戶提供額外的服務，不足以讓他的生意獲得成功，至少在香港是這樣。香港製衣業的競爭異常激烈，因此，訂製西裝的價格比倫敦和紐約低得多。查蘭才二十多歲，很難與經驗豐富的老裁縫競爭。他是個印度人，不太會說廣東話，服務香港客戶更加困難，所以只好把目光投向居住在香港的外國顧客。

過了一段時間，查蘭清楚意識到，他的手藝雖然精湛，卻沒有得到市場的認可，他沒有賺到錢，經營難以為繼。他不得不改變策略，開始前往英國和美國的一些主要城市接受訂單。他在倫敦、紐約、芝加哥和波士頓等地預訂飯店會議室，提前宣傳自己的服務、預約時間，請顧客來量尺寸。

他的西裝仍在香港縫製，按接近香港的價格收費，而相同品質的衣服在英國和美國，通常需要三倍的花費。他的生意終於開始興隆，每個月都要飛往美國各地接訂單兩次。當初查蘭的裁縫生意在香港做得不好時，他沒有放棄；相反的，他依然留在這個他熱愛的行業，但將目光轉向一個認可他手藝的新市場。如今他有兩大獨特競爭力：一是定價對英、美客戶很有吸引力，另一點是願意經常出差，這是大多數香港老裁縫做不到的。查蘭的故事告訴我們，**競爭太激烈時，我們必須做好改變職業計畫的準備**。

我剛開始演講生涯時，試圖在公開市場上競爭演講機會。但我很快就受到打擊，灰心喪氣，覺得自己的演講沒有價值。演講者來自各行各業，我只是其中之一，大家都在競爭有關領導力、創新和銷售技巧等話題的演講機會。有些人比我老練得多，也有些人擅用怪誕的舞臺表演吸引觀眾，但我才不想把頭髮染成黃色或穿鮮豔的衣服，以此吸引聽眾的注意！由於競爭過於激烈，我的收費則因而被壓低。

但我並沒有放棄自己的演講抱負。相反的，我改變了策略，專注於相對小眾的金融業活動市場，因為我有金融背景。如果與金融界資深演講者競爭，他們中沒有多少人比我了解社交媒體，有了這方面的優勢，我更能吸引大批觀眾。調整目標客戶群的小行動，為我的演講事業帶來豐碩的回報，我現在不需要再用便宜的價格來吸引他人了。

如果你覺得自己的工作價值被低估、不被認可，找找看哪些地方更需要你的才能和經驗。對查蘭和我來說，是服務對象的改變；對你來說，可能得改變工作團隊甚至地點。

為了挽救生意，查蘭本可以少做些私人訂製服裝、少提供一對一服務，但這些是他樹立品牌的關鍵。然而，轉而開發英國和美國各地的市場，他便能繼續生產高品質西裝。我很高興成為查蘭在香港市場少數親自服務的顧客之一，他也可以放心，我不會要他做廉價的亮色西裝！

第　八　章

想成功，你需要 3 種資本

43

先累積人力資本

想成功，你需要三種資本：金融資本、社會資本和人力資本。金融資本是你可以支配的資金，它可以用來推動你的職業發展，比如參加培訓課程、添置影片設備或組織社交活動等。社會資本的話題，我在第三章詳細討論過。如果沒有社會資本，就沒有人來參加你組織的社交活動。但要累積金融資本和社會資本，首先必須積聚人力資本。人力資本指的是你的硬技能、知識和經驗。我來詳細解釋一下。

我高中的成績特別差，尤其是十五歲時，學業成績差，社交能力也很弱，不僅沒自信，也不擅長運動。簡而言之，我沒有什麼過人之處，沒有人力資本。大考在即，我決定放下其他科目，專心拚數學。

我在數學上付出的努力，超出一般人的想像。我死記硬背，記住了二和三的平方根，因為這兩個數字在考試中經常出現。記住它們後，我的解題速度就快了。我把過往習題反覆做了無數遍，甚至有些題目我一看到就已經知道答案。經過約一年的努力，我以優異的成績通過了數學考試！

數學成績大幅提升，為我帶來一些人力資本。雖然英語、歷史和文學等科目的成績仍然很

圖 8-1　成功需要的 3 種資本

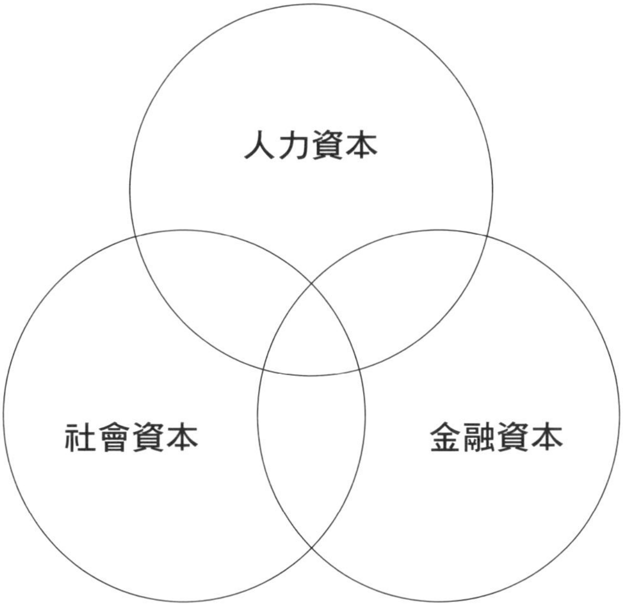

差，但我堅持不懈、集中精力只攻一項科目，這竟然對我的生活產生了巨大的影響：突然間，同學們開始找我討教數學題了。

「嘿，文才，你能幫我一下嗎？去年這張考卷的第十三題，我解不出來。」

「哦，這道題，書後的答案是錯的。這道題應該這麼解。」

我的數學能力為我積累了人力資本，而我又從同齡人身上獲得了社會資本：他們「想要」與我打交道了。他們開始邀請我參加聚會，我也慢慢有了自信。由此可見，獲得社會資本的最佳途徑之一，是在自己需要幫助之前先幫助他人。

當然，**你的幫助必須是有價值的**。雖然以前的我很有禮貌，也很願意幫助別人，但這沒什麼用，正是我的數學專長讓我成了對他人有用的人。這表明，**沒有人力資本，就無法創造社會資本**。

數學成績一鳴驚人後，有家長開始找我去輔導比我低一、兩屆的孩子，還付我補習費。因為有了數學專長，我累積了一些金融資本，雖然不多，但足夠支付我在高中和大學的伙食費。

你建立的信譽，會轉移到不同領域

擔任金融學兼職副教授時，授課的第一年，我對待學生就像對待投行的初級分析師和實習生一樣。我會隨意在學生中點名問一些難題，語氣也常常很不客氣。如果有學生遲到超過五分鐘，我會當著全班同學的面斥責他，告訴他在銀行業，守時很重要。

一學年的課程結束了，學生們給我的反饋不太好。他們認為我是個典型的金融從業人員，太嚴厲。雖然我的初衷是讓他們體驗職場生活的艱難，我的做法卻適得其反。

負責金融課程的教授與我一起討論學生們的評語，他告訴我，業界人士來大學講課，大多都需要時間調整教學風格。他說，因為我的金融事業很成功，所以他對我有信心，下一學年我一定能把課上好。

我在銀行業積累了大量的人力資本，因此，我將此前建立的個人信譽轉移到了教學上。教授給了我第二次機會，讓我證明自己是合格的講師。我沒有辜負他的期望。我現在是一個更有同理心的老師，懂得在課堂上營造合適的學習氛圍，而不再模擬職場。我在授課方面擁有人力資本後，隨之而來的是金融資本（雖然講課費不是很多）和社會資本（企業主管想招聘實習生或初階員工時，會來找我推薦）。

我在前文討論了掌握多種才能、成為「套餐型人才」的好處。但是，你必須先有一項非常突出的能力。當你在某個領域有了知名度和個人信譽時（無論數學、銀行工作還是其他領域），你想再進入另一個領域，人們也會對你另眼相看。

有些人希望能同時提升職業或生活中的多項技能，但你如果沒有一種你獨有的「超級」能力，各方面都不上不下，那就難以創造人力資本。最好的做法是選定一項技能，將時間和精力集中在上面，成為這個領域值得信賴的專家，讓其他人在有這方面的需求時尋求你的幫助，這樣一來，你才能為建立人力資本打好堅實基礎，再發展新技能，累積社會資本和金融資本。

44

「追隨你的熱情」不是好建議

如果有人叫你「追隨你的熱情」，這可能是個糟糕的建議，因為此建言預設你心中有明確的熱情。事實上，大多數人心中並沒有這樣的熱情，因此會覺得自己有問題。此外，這一建議還預設了你毫不費力就能發現自己的熱忱所在。但是，熱忱往往是你發現不了的，你不可能偶然間一抬頭就剛好看到。你得經過無數的嘗試，才找到自己真正的熱情。

不過，好消息是，儘管你做過的很多事情都不會成為你心中的最愛，但仍很可能發展成你的興趣。你的目標應該是擁有廣泛的愛好，而不是擔心其中是否有你的最愛。

挖掘新的興趣也需要耐心。我並不是某天早晨醒來，就奇蹟般的發現自己喜歡寫作。事實上，過去我一直討厭寫作；工程師背景的我，更喜歡與數字打交道，而不是文字。是我在社群媒體上寫了幾個月部落格，見到粉絲的反饋不錯，才開始喜歡上寫作。

培養興趣愛好，不是為了追求經濟利益，也不全然與職業發展相關。我堅信，拓寬知識面能讓生活更豐富多彩、更幸福。**每培養一個興趣愛好，就多了一個用來結識新朋友的話題**。我的興趣愛好讓我與不同的談話對象找到共同話題，無論是藝術家還是大老闆。

早上，我會和小吃攤攤主聊聊當地傳統小吃；中午，我在大學食堂一邊吃簡單的乳酪烤吐司，一邊與學者討論教育的未來，以及課程該如何設置，才能為學生進入職場做好鋪墊；晚上，我的建築師朋友帶我去參觀城市裡的特色建築。

近期的科學文獻表明，學習新技能可能對神經可塑性產生影響。神經可塑性是大腦的神經網路透過生長和重組發生改變的能力，而學習能在多大程度上幫助大腦「重新布線」，也是科學家的研究課題。

但從我的個人經歷看，學習新技能肯定可以避免讓生活停滯不前。我遇過許多人，他們之中既有富有的成功人士，也有普通的上班族。有些人已經喪失了尋找新樂趣的意願，只集中精力積累物質財富，我覺得這會讓生活更貧瘠、更單調。

如何找到新愛好

我非常熱衷於參加各種課程培訓。在過去幾十年，我報名了幾十門課程，包括程式設計、影片編輯到室內設計。我最近還獲得正向心理學的學士後文憑。雖然我最初的動機只是蒐集培訓證書，但我發現，去上各種課程是培養新興趣的有效途徑。現在想參加課程，甚至不用去教室或專門申請學校，網路上就有許多不錯的教學影片，只要想學習就可以立刻行動。參與免費的網路研討會也不錯。

我有很多興趣愛好，但我不對其中任何一個有強烈的熱情，甚至對花了半輩子從事的金融工作，也不特別熱愛。我對銀行的工作感興趣，是因為我喜歡幫客戶解決問題、培訓年輕員工，但我並不喜歡應付職場人際關係。銀行的工作有太多不足，不可能讓我一直保持熱情。雖然我對講課很感興趣，但我也沒有足夠的熱情全職講課，我對批改作業和其他行政工作興致不高。同樣的，我也不想專職寫部落格，那樣的話，寫作便會成為壓力，而不再是樂趣。

我聽到人們說：「做你熱愛之事，你就不會覺得自己在工作了。」但我不同意這個說法！要找到一份你熱愛、薪水又高的工作不容易。任何工作都會有不那麼令人愉快的一面，你的熱情很快就會減弱，即使你的工作是你熱愛之事。對大多數人而言，最好不要太過著重於找到心頭好，這很可能只是徒勞。相對而言，投入精力培養興趣，才是每個人都能做到的事情。

如果你能將日常興趣融入工作，並藉此賺錢，那當然很好。**其實，只要有一個愛好，無論能否為你帶來收益，對你來說都非常有價值**，這些愛好可以讓你更投入、幫助你擴大交際圈、讓生活更愉快。所以，忘掉「追隨你的熱情」這樣的話，每年學點新東西更實際！

45

因為我們各不相同，所以成為一體

在職業生涯中，我遇到過許多家庭背景優越的學生和畢業生。他們既聰明又有人脈，他們的父母會千方百計的為他們提供機會。他們早在上大學前，甚至在很小的時候，就開始學習藝術鑑賞、禮節、談話風度和表達技巧等。然而，出身平凡的我認為，即使沒有良好的背景，只要願意付出額外的努力，依然可以獲得光鮮的工作並取得成功。

我在讀新加坡外交部前部長楊榮文先生的文集《榕樹下的沉思》時，看到一個故事：石好德樞機主教（Schotte）在起草為聖父而寫的演講稿時，幫教宗加了一句話：「儘管我們各不相同，我們是一體的。」教宗若望保祿二世（John Paul II）溫和的責罵他一聲，並將「儘管」改為「因為」。

「因為我們各不相同，所以我們是一體的。」

這句話是不是很有道理、也很深奧？想像一下，如果交響樂團裡的每個人都演奏同一種樂器，那合奏出的音樂該有多難聽！這句話同樣適用於工作環境。**背景不同的畢業生各有差別，**

我們不能裝作大家的資質都相同，但別擔心，公司需要的是能帶來不同觀點的員工。

背景普通的畢業生也有自己的獨特優勢，與團隊其他成員互補就是他們對組織的貢獻。雇主希望員工多元化，他們可能會招聘不同性別、年齡的員工，除此之外，不同的社經條件也同樣重要。想從事傳統上來說，被視為得有優越背景才能做的工作，可以在以下三個方面展現個人特色，從而脫穎而出：

1. 知識見聞：在我的職涯早期，一些背景優越的同事會在高檔餐廳招待客戶。我對高檔餐廳不大熟悉，但我知道很多街頭風味小吃，知道哪裡有最好吃的煲仔飯或咖哩魚頭，所以有海外客戶來訪並想嚐嚐道地美食時，我會帶他們去吃最地道的新加坡佳餚。同樣的，如果有客戶與我閒聊，為運動受傷而懊惱，我無法像同事那樣推薦頂尖的骨科醫生，但我認識一位出色的老中醫，擅長治療跌打損傷。

我年輕時，英語說得不如畢業於常春藤盟校的同齡人流利，但在爸爸的蝦麵攤幫忙，讓我接觸到各種方言，所以除了普通話，我還會說廣東話和閩南話，這對我在銀行的工作很有利，因為一些事業有成的企業家，都更偏好用自己熟悉的語言交談，而不用英語。如果你的背景也很平凡，就想想那些獨一無二的技藝、才能和人生經歷，該如何為你所用吧。

2. 工作態度：我的第一份工作是在銀行銷售外匯產品。那時，像我這樣的年輕人必須輪流為資深交易員買午餐。那些背景優越的畢業生聽到，可能會感到震驚，因為他們從未做過這種差事。

當然，我也不喜歡，但不會表現出來，只會繼續接受跑腿任務，前往附近的麥士威熟食中心。這裡的食物類型多、味道好，因此總是人頭攢動。同事們點的菜也各不相同，雖然兩個交易員都喜歡餛飩麵，但指定了不同攤位的餛飩麵，所以我總得特意跑兩個攤位。

我有了一些資歷後，開始經常出差。有段時間，我們銀行削減開支，讓我們乘坐經濟艙。我那時很年輕，從來沒想過要坐商務艙，或是住君悅或威斯汀（Westin）這種五星級飯店。

我甚至已經準備好與同事合住一個房間，進一步節省成本。我對此完全沒有感到不適。但公司裡一些人的家境較富裕，連自己去度假時也只坐商務艙或頭等艙，他們對公司新政感到惱火，因為削減開支對他們來說，意味著降低了檔次。

如果你的家庭不那麼富裕，你可能會發現自己對生活的態度與一些同齡人不同，更容易適應生活中的起起落落。一定要充分利用自己的這個特點！

3. 客戶尊重：如果客戶只想和背景優越的員工打交道，就把他們介紹給這樣的同事，提供讓他們滿意的服務。我們不需要所有人都喜歡我們，生活如此，工作也如此。但以我的經驗判斷，這樣的要求很少見。事實上，有些客戶往往非常尊重那些出身貧寒，但仍努力證明自己實力的人。有些富二代也是如此，他們在富庶的環境中長大，身邊都是富人，與出身環境不那麼優越的你交談，反而令他們耳目一新，因為他們欣賞你的職業道德和獨特視角。他們已經熟悉一貫優越的職業發展道路（英美頂級大學、一流大公司的實習等），你的經歷與別人不同反而更有趣。所以，不要害怕告訴別人你的故事。

如果你出身平凡，我們可以透過自己的知識見聞、工作態度，以及能帶給客戶的不同價值和獨特的處世方式一展抱負。如果想在職業發展上取得成功，我們必須學習家裡或大學裡沒教過的才能和行事方法，比如，初入職場時穿著得體很重要，衣服不必太貴，合身就行；如果你不善社交，就要努力提高；還有，正如上文所說，多拓展興趣，與人談話就不會缺少話題。

作為一名普通畢業生，我起初對很多人所定義的成功一無所知。我不知道成功人士要戴昂貴的手錶。後來，我不再像一張白紙一樣天真後，就開始對自己的出身感到自卑。然而，隨著職業生涯的發展，我的自卑感逐漸減少，最後開始對自己的出身感到自豪。

對於普通學生來說，找到理想的工作並取得成功，絕對有可能，只是你要從職業生涯一開始就付出額外的努力。漫漫長路，樂觀前行。

46

創意，就是打破傳統

我們都知道，創意在每個行業都是最被重視的能力之一。工作中出現問題，要找到新的解決辦法，就需要創意。我的學生問我：「那要怎麼增加自己的創意？」我從不會對他們說「要跳出框框」這種陳腔濫調，完全沒有實際效果，因為大多數人根本不知道自己被困在框框內。

只要我們仍然處於習慣的教育和成長環境中，便很難有突破和改變，因為我們覺得接受所處環境的規則並受其約束是理所當然的事情。要從目前的工作中獲得創意力，確實有點困難，所以你最好從別處學習富含創意的新思維，並在工作中加以實踐。你可以從藝術中獲得靈感，學點繪畫、雕塑、音樂、舞蹈或其他藝術。對我來說，藝術鑑賞和設計的興趣，激發了我創作的活力，從中獲得的靈感和思路，是我在銀行無法收穫的。

我第一次接觸藝術，是在大學讀理科的時候，我選修了藝術史。我是唯一一位選修這門課的理科生，當時覺得對藝術稍有了解會有所幫助。授課老師是薩帕巴迪（TK Sabapathy）——新加坡著名的藝術史學家和藝術評論家。他從亞洲古代藝術到西方當代藝術，廣泛介紹了藝術的發展，各個時代的藝術作品帶給我的震撼，已經超出了美學鑑賞的範疇。

我從這門課中感悟到，偉大的藝術家從不害怕引領藝術趨勢，哪怕引發學術爭議也無所畏懼。例如，十九世紀印象派畫家打破傳統，用細微、清晰的筆觸描繪日常場景，他們的做法一度震驚了法國藝術界。我開始明白，藝術的創造力有時需要一種無視傳統的精神。我開始工作後，那堂課帶來的感悟，讓我有膽量和信心去質疑那些過時又沒效率的規則。

我從薩帕巴迪的課堂上學到的內容，至今仍影響著我。我自己去一些世界頂尖大學講課時，會帶一只街頭小吃攤常用的公雞碗作為教具。有朋友來聽我講課時，看到我借助這種日常用品來講解銀行業的運作方式，都感到很驚訝。但我喜歡別出心裁，不想遵循所謂的教學慣例，說起銀行家如何從街頭小吃攤販那裡學習職業操守時，我就舉起這只碗來表達觀點。

我從藝術史課堂上學到，創意，有時需要打破傳統，唯有如此，才會冒出最好的主意。

用藝術訓練思維、質疑常規

從我在香港中環的辦公室可以俯瞰著名的香港中銀大廈。這座建築於一九九〇年啟用，至今仍是香港的地標性建築，因通體覆蓋玻璃的三角柱體結構而聞名。

日復一日觀賞這座摩天大樓，有一天我決定動手做個這座樓的模型。我把一大張的金紙板剪成四片，依照大廈的樣子折成四個三角柱，再組裝起來。親手製作模型時，我才領略到這座建築背後的創意之美。它看起來非常簡約、線條清晰、通體平滑，只有少少幾個棱角。這座建築由美籍華裔建築師貝聿銘設計，他有很多享譽世界的名作，包括羅浮宮前的玻璃金字塔。

製作模型讓我想到，無論在建築業、銀行業還是其他領域，有創造性的解決方案不一定複雜。**我們在工作中往往習慣將事情複雜化，以為問題越難，答案就應該越複雜。其實，有時簡單更好。**

我閒暇時會自己動手做些藝術品掛在屋裡。一件作品由一打小小的愛迪達（Adidas）超級明星鞋的塑膠鑰匙圈做成。我把它們黏在一塊橘色紙板上，罩上玻璃。所有模型的鞋底都貼著紙板，只有一隻除外，它向上穿過玻璃上的一個小孔。透過這個作品，我想表達的是，人生中任何一段新旅程，邁出第一步、突破最初的障礙都最困難。玻璃框不僅是這些小鞋子的保護罩，也是這件藝術品很重要的一部分。我把這個作品命名為「千里之行，始於足下」。

術創作時，你的大腦會在繪畫、音樂或任何你喜歡的藝術形式間不停運轉，經歷一個個思考過程，不斷冒出新想法。你可以透過藝術創作訓練自己的創造力。然後，你會帶著這種探索的心態去工作，對工作方式提出疑問，再尋找答案。藝術創作讓我學會如何打破低效率的傳統，找出簡單的解決方案，這也訓練我養成質疑陳規的思維。

我希望你也能嘗試創作看看。你可以去上陶藝課或舞蹈課、去美術館聽講座，也可以嘗試繪畫。如果沒有時間做這些事，你的口袋裡就有一個很棒的創意工具——手機！

（掃描 QR Code，可以看到上述設計模型和成品。）

47 要學習，不用另外去上課

我喜歡參加課程學些新東西，但學習不一定要在課堂上。我學到的最好的、印象最深刻的東西，都是與別人一起做事時收穫的。事實上，如果有人問我，想學點某個領域的知識應該參加什麼樣的課程，我會建議他們考慮如何與那一領域的人展開合作，這樣也能獲得相同的知識或技能。

我在大學講授思想領導力課程，聽完課的學生常常想實踐一下所學內容。有一名文科生鐘本飛，結合課上得到的主要收穫和心得寫了篇文章。在社群媒體上發布前，他請我先看一遍。我快速瀏覽了一下，提了一些讓他寫得更有意思的建議。我的點評令小鐘又加深了對思維領導力的理解。

下課後，小鐘來找我尋求有針對性的建議，比如如何很快學會一項新技能，如何寫好一篇有想法、有意義的社群媒體文章。

他在實踐中學習，寫文章、吸收我的觀點，然後觀察粉絲的反應。我們都該像小鐘那樣，在課外不斷尋找各種學習機會。

透過合作互相學習

陳乃綾是我社群媒體上的一個好友。她問我，為什麼我的文章能有那麼多的讀者反饋，她想知道我是如何吸引粉絲互動的。她曾是一名記者，想寫一篇文章分析我的文章，看看那些受歡迎的文章有沒有什麼共通點。

我選了一些評論較多的文章讓她評估、分析。我很熱情的配合其研究，因為她能幫助我深入了解我的讀者和作品。如果我自己做這項研究，難免會帶有主觀偏見，所以我希望她用記者的視角，客觀分析和評價我的社群媒體內容。乃綾有很多非常有用的發現，其一是我許多受歡迎的文章中，都有人物對話。她總結道：這些對話能吸引讀者進入所描述的場景。

後來我想拍一段短影片，教求職者如何製作影片履歷。我沒有時間專門學習所有拍攝和編輯技巧，所以決定一邊製作影片，一邊學習，這樣子效率更快。我請來一位熟識的電影導演勇輝一起拍。這次合作是免費的，他也很高興能與我合作，因為他想看看我怎麼做影片履歷。

開拍後，我們兩人都入鏡，我先介紹影片履歷中應該包含哪些內容、與書面履歷有什麼區別等，接著他介紹用手機拍攝影片、剪輯影片等方面的技術問題。從搭好設備、拍攝到剪輯成片，一個最終只有六分鐘的短影片，總共花了我們六小時。

不過一切努力都很值得。我不僅學會如何製作影片、講好故事，還目睹一個專業導演如何做拍攝計畫、調整燈光、搭布景。更重要的是，求職者覺得我們的建議非常有用。

也有些人慷慨善良，願意無私的教你。

有一次我想做個「翻轉教室」的影片內容，學生可以先在家觀看線上講座，預習課程內容，這樣我們就可以把課堂時間充分用於討論和解決問題。我觀看了許多線上的培訓影片，但仍然有一些螢幕錄製軟體的技術問題要解決。我發信給洛杉磯的培訓師克里斯（Chris），他很快就回覆我，提議和我視訊。

他給了我一些非常有幫助的建議。他那麼熱心的幫助我，作為回報，我邀請他在一次線上講座中發言，把他介紹給我的聽眾，幫助他在社群媒體上建立良好形象。至今我們已經合作過好幾次，包括共同主持了幾次直播。

人們出於善意、不求回報的教授你新知識、新技能時，不要理所當然的接受，最好也嘗試回報他，禮尚往來能讓你們走得更遠。起初，我和克里斯的關係是短期、單方面的，但我並沒有理所當然的接受他的好意，我們建立了長久、對雙方都有利的關係。

上面介紹的透過他人學習新技能的方法，能快速、有效的鞏固你的知識體系。在實踐中學習（通常被稱為「體驗式學習」），而不是只注重理論學習，會讓你收到有建設性的反饋和一對一的關注。

就像鐘本飛得到了改善社群媒體內容的具體的寫作建議，克里斯幫我解決了急需解決的影片問題，與別人合作，也可能讓你與他人建立牢固的融洽關係，將來你們可以多分享自己的才能。向他人學習，可能不像報名參加一門課程那麼簡單，但你可以由此更深入的掌握知識。

去尋找合作機會吧！不要害怕向別人求助，不過要做好以有價值的方式回報對方的準備。

48

善用新科技，你會更快被看見

「嘿，喬治，我聽說有個工作機會，感覺滿適合你的。你的電子郵件地址是什麼？」

「謝謝你，我的郵件地址是……」

一天後。

「喬治，發給你的郵件被退回了。」

「哦，對不起，文才，我寫錯了，應該是 xxxxx@gmail.com 才對。」

「不好意思，喬治，公司剛剛確認錄用另一位候選者了。」

有時候，一些很小的失誤可能導致延誤，最終讓我們錯失良機。我很清楚這一點，所以總會透過科技手段、應用程式和某些小工具來減少失誤，提高工作效率。例如，我在手機和筆電上輸入個人訊息時，會使用快捷鍵來生成，無須完整鍵入內容，既準確又簡單。每次有人問我辦公室地址時，我只要輸入幾個字，整個地址就會出現。

幾年前我便開始這麼做了，因為我一直對科技很著迷，它大大改善了我們的生活。假如有人向我推薦圖書、電影和餐廳，我會立刻將之添加到手機的提醒列表中，否則很快就會忘記。

我隨手記下的這些新知識、新訊息，尤其是推薦書單上的那些書，讓我受益良多。不過我得承認，有幾部電影令我很失望。

另一個我很喜歡的工具是文字翻譯應用程式。有些人偶爾在工作或出國旅遊時，會用此翻譯詞句，但我會更進一步，在寫完一篇英文的社群媒體文章後，我會用翻譯程式把整篇文章翻譯出來，創建粗略的中文版本。

這些翻譯程式中有大量中文詞彙，有時還會提示一些我想不到的詞語。儘管在文章發布之前，我仍需要做些調整，但這個過程還是比手動翻譯快多了。這個小小的步驟，讓中文基礎薄弱的我得以定期發表中文文章，與更多的中文讀者建立聯繫。

我還將所有文件都儲存在雲端中，以便用手機輕鬆訪問。這個方法比你想像的更方便。與客戶開會時，客戶可能會拋出一個你預料不到的問題，這或許就是個新機會，你可以透過手機訪問雲端硬碟，當場向他們展示相關訊息（如近期完成的一份範例文件）。機會總是出現在意想不到的時候，懂得利用科技，你就能抓住機會。

有一次我在會見一位客戶時，他說自己想學一些中文金融術語。我有一個PDF版本的詞彙表，包含從加速折舊到無息債券等金融術語的英文名稱及中文翻譯，共三百多頁。我覺得這份文件肯定有用。

我告訴客戶：「我馬上給你。」並拿出手機，在雲端上找到文件，並透過電子郵件發送給他。他不僅對我分享這份詞彙表表示感謝，還對我可以當場發給他感到驚訝。

讓技術成為你的競爭優勢

當你利用科技工具為別人提供更高效的服務時，他們會因此將你視為一個有能力的人，願意繼續與你打交道。如果你是某項技術的早期採用者（early adopter），並將這項技術有創意的應用於工作中，那你一定能在同事中脫穎而出。我在職業生涯的大部分時間，都在努力做到這一點。

在iPhone問世前，我有一支索尼愛立信（Sony Ericsson）手機，做簡報時，我會把它當作MacBook的藍牙遙控器。這在當時對很多人來說是聞所未聞的。我們銀行曾在泰國普吉島舉行Team Building（團隊建立）活動，開會時我用手機控制筆電，讓同事和客戶大吃一驚，因此，他們聽報告時也變得更專注。

如今，我去大會演講時，總會帶一個手機HDMI轉接頭，把iPhone連接到大螢幕上。我會藉機向人們實時展示，手機上的APP是如何運作的，這比靜態的PPT展示更有效。很少有人在演講時用手機播放資料，而我只需要一個簡單的轉接頭，就可以為觀眾帶來不一樣的體驗。

如今，視訊會議成為人們交流的常態，我買了一個高級麥克風、一個高級相機，與會者都反應說，我的影片畫質和音質特別好。在一個競爭激烈的市場中，網路研討會的品質，對我能否獲得成功至關重要，因此我必須領先別人一步。我還買了一個影像切換器，報告時可以切換兩、三部相機的畫面。

現今技術發展非常迅速，善用某個技術工具是你的優勢。一年後，這個技術工具可能就人盡皆知。因此你需要擁有一種「科技思維」，不斷尋找新的應用程式和小工具，幫助你改善生活和工作表現。另外，現有技術也會有一些新用法，你應該花心思去挖掘。

有些免費技術（如鍵盤快捷鍵）確實很有用，但你還是應該在技術上花點錢，像HDMI轉接頭這種便宜的小玩意兒，就能讓你不同凡響。另外，千萬不要忽視需要付費的APP，因為它可能比免費的那一款好用很多。

一筆小投資就可能為你帶來巨大的回報，比方說，它能確保你不會因為輸錯電子郵件地址而錯失重大的工作機會。

第 九 章

關於金錢、健康和時間的分配

49 不要奢侈品，要實用品

對任何人而言，當上總經理、合夥人或其他高層職位，都是職業生涯的亮點。一旦取得這種里程碑式的成就，許多人便開始一擲千金，買高級品牌、改住豪宅。他們不假思索，花數萬美元買手錶、超級跑車，或在自家地下室建個酒窖。

該如何解釋他們這種奢侈的行為？有些人是為了獲得及時的自我滿足，有些人則主要是為了讓朋友、家人和同事看到自己的成功，讓他們羨慕自己的財富。他們想表達的是：「我成功了！看我的手錶，看我的車！」

雖然難為情，但我必須承認，在職業生涯中期獲得一次很重大的升職後，我的反應就是這樣。但是，被任命為董事總經理後，我開始有了不同的想法。我沒有鋪張慶祝，在任期內也沒有大肆消費。我戴的手錶是天美時（TIMEX），不是勞力士（Rolex）。為什麼就算薪水飛漲，我仍建議你控制開銷？有以下幾個原因：

1. 物質帶來的興奮不會持久：人們擁有奢侈品後，往往只在最初幾週感到心滿意足，新鮮感很快就會消失殆盡。既然市面上有很多不錯的替代品，為什麼還要買昂貴的產品？旅行時，我認為無印良品的旅行包就夠體面了，放在地板上也不擔心會弄髒。

2. 昂貴的東西不一定實用：有些人喜歡買一些花俏、卻不一定實用的玩意兒，經常出差的人一定深有體會。許多生意人會穿法式袖口的襯衫，扣著昂貴的袖扣。但我現在會避免穿這樣的衣服，有一次出差，我忘了帶袖扣，發現時為時已晚，因為一大早要開會，只好跑去買了兩袋麵包，取下袋子上的束帶，把襯衫袖口扣在一起。

出差時，我的注意力應該放在為客戶服務上，而不是袖扣，或是昂貴的手錶上——開會時我才想起來，我把手錶忘在飯店房間裡了。

3. 便宜的東西更個性化：便宜的東西可能比昂貴的東西更好用，尤其，很多便宜的東西都能個性化訂製。我是一名金融專業人士，但我不會用昂貴的鋼筆寫字，而會大量訂購百樂圓珠筆，印上我的電子信箱地址。你也可以想一想，如何讓日常用品更個性化，看起來更獨特、更專業，又不必花很多錢。也許你可以把名字印在名片夾或筆記本上，或是買一小塊品質好的布料，訂製一條圍巾或西裝的口袋巾。

4. 工作不一定穩定：如今，突飛猛進的技術幾乎改變了所有行業，因此你的工作不一定會一直穩定。一旦失業，可能就很難再找到一份同等薪水的工作。奢侈的生活方式能否持續，關乎你是否有能力一直有工作，並追上不斷增長的開支目標。每一次升職加薪時我都很高興，但我不會安心的認為自己會一直擁有這份工作和高收入。

5. 利用「套利」機會：我們發現自己撿到便宜時，會樂在其中。我經常請人去高級餐廳吃午餐而不是晚餐，這樣就能用稍低的成本得到同樣美味的食物和雅緻的環境。我在香港工作和生活期間，會選擇周邊的城市度假。我知道，回新加坡生活後，去東南亞的峇里島和檳城等地旅遊會更便宜、更方便。你也可以想一想，生活中有哪些可以利用的「套利」[1]機會。

6. 延遲享樂：我在工作後的第八年才買第一輛車。此前一年，我升了職，已經有能力買車，但我還是決定在新職位上讓工作穩定一段時間再買車。同樣的，年輕時我推遲了離開父母獨立生活的時間，暫緩追求自由，因而省下了數萬元的租金，我用這筆錢付了生平第一間房子的頭旗款。推遲消費一年，可以幫你節省開支，長期而言，你將因此獲得更多自由。

獲得晉升或大幅度加薪時，想獎勵自己、慶祝自己辛苦取得的成就，這很正常，但是請記住，成功和高消費並不一定要齊頭並進。

---

1. 編按：一種投資策略，在某資產擁有兩個價格的情況下，以較低的價格買進，較高的價格賣出，從而獲取低風險的收益。

50 財富自由的祕密

財富自由不是讓你提前退休，而是讓你獲得追求自身幸福、按自己的意願做決定的底氣。財富自由可以讓你工作時更有膽量、說話更有自信，因為你不用擔心失去工作的經濟後果，同時，這又能讓你更加自信，敢於承擔職業發展中的風險。

我很幸運，現在能夠財富自由，可以選擇做報酬不高卻更有滿足感的工作。學生們聽了我的講座或讀了我的文章，紛紛表示我改變了他們的人生，對我而言，這就和完成一筆大額銀行交易一樣讓人開心。

在職業生涯早期，財富自由往往像個白日夢。我在多年的辛勤工作及量入為出之後才獲得財富自由，所以我認為，一旦我們為自我提升預留了足夠的資金，就應該開始為更自由的未來存錢。即便我們無法完全實現財富自由，也可以積累足夠的財富，就算不工作也能至少維持兩年的生活。

如果可以，我建議你把收入的一〇%～二〇%存起來。一開始這筆錢可能不算多，但經過幾年的累積，這筆錢會越來越豐厚。如果你每次加薪時，也提高存錢比例，那麼這筆數目會更可觀。

比方說，你每個月賺一萬元，便存下一千元。主管把你叫到辦公室，說給你加薪五%，你不要覺得加薪太少而不把這筆錢當回事。加薪五百元，你的月薪就是一萬零五百元。如果將增加的部分都存起來，那每月的存款就增加了五〇%，達到一千五百元，實現儲蓄目標的步伐就更快了。

如果近期加薪的可能性不大，那你可以考慮做份兼職。小額的外快也能產生很大的影響。你日常的基本需求，如住宿、食物、交通、簡單的娛樂和自我提升等，已經由正職薪水支付。以上述加薪情況為例，你不要以占工資的百分比來衡量外快，而要以占預留金額的百分比來計算，這麼看來，外快就是一筆很重要的收入。

感受複利的力量

對於債務，我本人可以接受房產抵押，但我一般會避免汽車貸款和信用卡貸款，因為利息太高。如果採用複利計息的方式，月利率二%的信用卡，其年利率高達二六．八%。

反之，複利也有好處，不要低估複利的積極意義，按照這個計算方式，你的長期儲蓄收益非常驚人。如果把要花在汽車上的錢轉而投資，例如投資一個年回報率為五%的項目，雖然現在聽起來可能不太吸引人，但二十年後，這筆投資可以產生一六五%的收益。

固定利息的投資，只是長期積累金錢的一種方式。我如今之所以能夠財富自由，是因為我投資了股票、房地產和不動產投資信託基金（Real Estate Investment Trust，簡稱ＲＥＩＴ）這類簡單的投資項目。我之所以選擇這些，是因為我在銀行工作過，很清楚投資回報與產品的複雜性沒有必然關係。

我很幸運，在亞洲經濟增長和科技繁榮的雙重浪潮中，我透過投資賺到了錢。**我不會頻繁交易股票，只會每年做一次長線投資決定**。本章的目的不是提供具體的投資理財建議，我不會在自己不熟悉的領域裡假扮成專家。

再者，每個人的投資選擇都會受到許多因素的影響，如資金規模、風險偏好、地點和年齡等，這些因素導致投資方式因人而異。但不管怎樣，你都應該確保自己對所投資的領域有透徹的了解，而且一定要透明。試問，銷售人員向你推薦某個投資產品，是因為這個產品真的很適合你，還是因為他們能從中賺取高額傭金？

儘管這本書的主要內容是教你規畫職業發展，但是我們也必須花點時間仔細考慮用自己的錢做什麼投資。根據我的經驗，許多人只關注日常工作，卻不太關心如何安排賺來的錢。金錢不應該只給你帶來短期的滿足感，還應該在未來的職業生涯中，幫助你實現一定程度的財富自由。即使回報不如期望的那麼大，也能讓你做更多快樂的事、過上更自由的生活。

51 金錢真的可以買到時間

在購物方面，我不是個奢侈的人，但我也不會一味的省錢。我的經驗是，適當花點錢對職業發展有好處，比如，能幫我們節省時間或建立人際關係，帶來長遠的收益。

香港國際金融中心商場裡的健身房，是這個城市中相對昂貴的健身場所，不過，這裡的服務果然很周到，我覺得很值得。我可以只帶一雙運動鞋就來健身房，其他一切東西——從運動服到髮膠一應俱全。我通常會利用午飯時間去鍛煉，但拜其服務所賜，我不用把溼漉漉、臭烘烘的運動服帶回辦公室、放在桌底下。

另外，我之所以願意成為付費會員，也是因為辦公室和健身房在同一棟樓裡，我不用走很遠就能健身，這樣下來，不止省時間，即使天氣有變也不會影響我的健身計畫。金錢有時真的可以「買到」時間啊！

新冠肺炎疫情席捲全球時，我不得不從現場演講轉戰線上演講。為了確保網路研討會的製作品質，我在新加坡封城前一天瘋狂購物，購買照明、錄音和影片設備。那時，舉辦網路研討會對我來說還很陌生，也不確定應該買哪些設備，所以我寧願多買一些小玩意兒。

在網購器材時，只要能確保在下一場活動前收得到，我願意多付一些運費；如果一個小攝影燈能大幅提升網路研討會的品質，從而讓數百名聽眾受益，那麼，付點錢請店家快點送貨也很值得。

請客、發紅包表達謝意

我們不應該只把錢花在自己身上，偶爾也要把錢花在別人身上，包括同事和客戶，藉以表達感激與欣賞。伍迪（Woody）是我的前同事，很年輕。他想請我給他一點職業發展方面的建議，便邀我去一家很不錯的網紅餐館吃飯。午餐很豐盛，我們聊得也很開心。用完甜點後，我正要結帳，伍迪卻說他已經把自己的信用卡留在收銀臺了。他事前就知道無論怎麼堅持，我肯定不會讓他請客，所以吃飯前把信用卡偷偷交給服務生，我就無法和他爭著結帳了。他用這個辦法向我致謝。

我跟伍迪學會了這一招。別人抽出寶貴的時間與我共進午餐、提供好建議給我，我更該盡力避免令人尷尬的搶帳單場面，所以客人到達前，我會把信用卡交給服務生。這個小小的舉動，即便在不貴的餐廳，也能幫助你傳達自己的好意。

此外，發紅包也是表達心意的好方法。

新加坡的春節有發紅包的傳統，每年都會給年幼的親戚和年輕的同事一點壓歲錢。除此之外，我還會發紅包給銀行的行政人員和清潔工，以表示對他們辛勤工作的感謝。我的祕書總是不嫌麻煩的幫我訂我最喜歡的航班，清潔工總是把我的辦公桌擦得一塵不染。我也會發紅包給經常光顧的餐廳的服務生，感謝他們記得我的名字並照顧我的客人。

紅包的意義不在於你包了多少錢，而在於表達心意。你善待他人，他人也會善待你，願意為你做些分外的小事，讓你一整天都有好心情，從而更專心工作。

找一個固定的社交場所

第一次晉升到資深職位時，我在香港工作，銀行當時給了我一個豪華遊艇俱樂部的會員資格，我只要自己付一點點月費就好（與入會費相比微不足道）。從俱樂部可以俯瞰香港島南面的大海，其中設施包括餐廳、健身房、游泳池和屋頂網球場。但我謝絕了這個會員資格，我覺得這些設施對我而言沒有必要。此外，俱樂部離中環太遠，也不方便用來招待客人。

當我告訴同事我拒絕了俱樂部會員資格時，有些人非常驚訝。在他們看來，俱樂部的設施和費用並不重要，重點是，這種享有盛名的俱樂部，會員從企業主到大公司的高階主管都有，可以在休閒環境中擴大社交圈，能帶來極大的工作優勢。這也讓我意識到為什麼有些人喜歡住在高級社區，把孩子送到名校——都是為了社交。

不過，他們這種思維和處事方式對我來說不太自然，我更願意透過互惠互利的方式建立人際關係。但即便你也不願意把錢花在社交上，明白有些人如何利用財富建立社交圈，也是很有用的情報。

我搬回新加坡後，決定加入一個俱樂部。不是豪華遊艇俱樂部那麼昂貴的地方，而是位於新加坡市政區的一處俱樂部，它傳統的英式氛圍很適合招待客人。我喜歡招待朋友、外國友人、學生和客戶來這裡吃飯。從俱樂部可以俯瞰標誌性的政府大廈大草場（The Padang），這裡還是板球、網球和橄欖球等運動愛好者的聚集地。

走進這座歷史悠久的俱樂部，裡面有幾間餐廳和酒吧，你幾乎可以聞到歷史的味道。我希望客人能在這裡有獨樹一格的感受。我向他們介紹俱樂部周圍建築的悠久歷史，比如前面兩座被指定為國家遺產的新古典主義建築，過去是新加坡最高法院和政府大廈，如今都成了新加坡國家美術館。

這個俱樂部對我來說還有一個好處：它不接受客人付帳，所有帳單都會在月底發給會員統一結算。這意味著我不必擔心在本該由我請客時，會有像伍迪這樣的客人把自己的信用卡留在收銀臺。

人們有點錢時，總會忍不住購買消費品滿足欲望，但是，把錢花在能節省時間，或讓他人感受良好的事情上，這麼做能給你帶來的好處也不容小覷。如果你不想成為俱樂部會員或到高級餐廳就餐，那就嘗試用其他方式招待別人，比如為他們買杯咖啡、帶他們去吃你最喜歡的街頭小吃，或者自己組織社交活動。只有把錢花在刀口上，對將來才有幫助。

52 應對壓力的三種方法

無論資歷深淺，人人都有工作壓力，壓力往往是因工作量太大或職場人際關係所引發，比如你的同事不如你能幹，卻擅長在主管面前邀功。我也承受過工作壓力，包括與陰險狡猾的人打交道、在非常緊迫的期限內完成工作，還有處理被搞砸的交易。

在銀行工作時，我曾為一位客戶發放一筆結構性融資貸款，後來他違約了。我聽到消息後的第一個念頭就是：「無論如何我都得把錢拿回來。」我花了幾週的時間，請求銀行允許我重組交易，同時幫助客戶從其他渠道融資還貸。

這是我職業生涯中壓力最大的一段時間，我甚至想過要辭職，但我覺得有義務在辭職前收回貸款，不然會破壞我在這個行業的聲譽，所以我硬著頭皮繼續想辦法解決。

我是如何度過那揪心的幾個月，沒有因為壓力太大而失控？以下三種方法幫助了我：

1. 運動：哈佛健康出版社（Harvard Health Publishing）官網發表過一篇文章，表示幾乎所有有氧運動都能有效抵抗壓力、焦慮和抑鬱。

這些年來，我有壓力時，鍛煉確實給了我很大幫助，讓我又快又有效的釋放壓力。如今我工作再忙、日程再緊，也會抽出時間鍛煉，無論是在跑步機上跑步、在私人教練的指導下舉重，還是僅僅出去散個步。工作繁忙卻仍重視鍛煉的人，不只我一個，許多成功的商界人士也是如此。我認識一位高階主管，他出差時入住飯店後的第一件事，就是去健身房跑步。運動真的可以讓你進入一種更平和的情緒狀態，讓你能從容的應對壓力。

2. 健康飲食：越來越多研究在探索食物與精神健康之間的潛在聯繫。哈佛健康出版社還有一篇文章，將人的大腦與高級汽車比較，作者將大腦形容為「一輛只有燃燒高品質燃料才能發揮最佳性能的汽車」，並指出：「你吃的食物將直接影響大腦的結構和功能，最終影響你的情緒。」

我認為自己應對壓力的整體能力提升，可能與我在飲食習慣上的改變有很大關係，比如吃營養更豐富的早餐、少吃煎炸油膩的東西、避免暴飲暴食等。如果你察覺到自己需要改善飲食習慣，就要去搜尋可靠資訊、尋求專業建議。我們應當重視健康飲食，並相信其有助於緩解壓力。不過，我不是這個領域的專家，不能給你具體的飲食建議。

3. 表達情緒：在社群媒體上，我們往往只展示自己成功的一面，因為我們擔心被別人視為弱者。但是，總是吹噓自己的志得意滿，就很難再述說自己的壓力和焦慮，哪怕在和別人面對面時，也會覺得難以啟齒。我的建議是，偶爾寫一寫你的失敗或弱點，有助於減輕追求完美的壓力。

要記得私下與你信任的人訴說自己的壓力，這有很多好處。如果一直隱藏自己的情緒，不將其表達出來，那麼壓力可能會持續更久，無法被釋放。朋友會理解你的壓力並給你支持，把煩惱說出來後，你可能會發現其實問題並沒有你想像的那麼嚴重。關鍵是，在人生順利時要與朋友和家人保持聯繫，不要等到有了壓力才去找他們傾訴。

以上三種方法足以讓我應付來自客戶和同事的壓力。工作壓力無法避免，但可以儘早採取措施，不要讓壓力打倒你。有些問題可以隨著時間的推移得到解決，只要你能暫時撐住並堅持到底。如果你不採取行動，好好釋放壓力，一直這樣下去，這些壓力就可能影響身體健康。

透過運動、健康飲食及適當表達情緒，面對壓力時，你會比長期處於負能量之中的同事堅持更久、更容易克服工作中的挑戰，你也更有可能獲得主管的認可。

那一年，經過長達十一個月的努力，我終於解決了那個結構化融資案子的問題，向客戶收回全部貸款。不僅如此，我還為銀行賺了一些錢。這對我來說，是多麼巨大的解脫！

53 起床後的關鍵一小時

過去，我非常討厭為了上班而早起，星期一的情況最為糟糕。成為銀行資深經理後，我必須在七點四十五分之前到達辦公室，參加每週的晨會，介紹金融市場的最新動態並彙報自己的業務現況。

後來，我決定在正職之外開展新計畫，這讓我很興奮。我在早上五點半就自然醒，比以前早了一小時。起床後我心情愉快，因為生活比以前更刺激了。很快我就發現，清晨是規畫創新戰略的最佳時機。從那以後，我一直在五點半左右起床。

現在，根據每天的需要，我可以用很多方法把額外的一小時充分利用起來。以下是早起後多出的時間帶來的好處：

1. 思考重要的長期任務：我們經常忙於處理迫在眉睫的事項，比如續保、繳違停罰款，或是完成下一項任務。但是，想獲得成功，你應該優先考慮那些不緊急卻很重要的事項。

你可以運用清晨騰出的額外時間，做些更長遠、更重要的生活規畫；或是考慮採取哪些具體的小行動，讓當下的工作回到正軌；你也可以開始學些新技能，規畫全新的職業生涯。一旦專注於有啟發性的事情，你就會為自己早上的工作效率感到驚訝。

2. 與高層建立關係：很多高層也起得很早，但他們早上的日程不會排那麼滿，一大早就處理來電和郵件。因此，你可以利用這段相對安靜的時間，與他們交換資訊，或與他們散散步、聊聊天。

3. 早點去上班：如果你剛到新公司上班，或剛剛進入職場，那最好早點到辦公室、盡快進入工作狀態。這能給同事留下好印象，也能讓你在處理完當天的任務後，有時間做些更有創意、更令人愉快的工作。

4. 自我反思：清晨的時光不一定要以工作為主。有時候，我早起後不發電子郵件、不看社群媒體，也不看新聞。一天中清醒的第一小時，神奇而平靜，我會走出門去享受這份寧靜，聞著清新的空氣，進入沉思，無拘無束的任由思緒四處飄蕩。有時候我會想，如果我的壽命只剩一年，有什麼事要立馬去做；如果我能活到一百歲，又要怎麼規畫人生。

你也可以利用寧靜的額外一小時，去想想那些看似不可能實現的目標，說不定這些不可思議的夢想，最終會改變你的人生。

如何早起一小時

儘管早起有上述好處，可是許多人依然做不到。別擔心，我自己也是最近才做到的，現在開始改變並不難。以下三條建議，可以幫助你早點起床：

1. 清晨做些愉快的事情：我們不願意起床的一個重要原因，是因為起床後要做不喜歡的事情，動力幾乎為零。因此，早起的祕訣是做讓自己愉快的事情。如果你不信，可以去問問那些高爾夫愛好者，為了打高爾夫，再早起床他們也願意。

我喜歡起床後讀文章、看書，為部落格、演講和大學講座累積靈感。有時候，我會想想一週計畫、十年目標，或我想和哪些人保持聯繫等。另外，我還會在花園裡靜心凝神的走走，侍弄花草，我經常能發現一些自己平時不大注意的東西，比如採蜜的蜂鳥。想想看，早上多出一小時，你喜歡做些什麼？

2. 養成一個清晨習慣：儘管有很多事情可以做，但我們還是應該至少養成一個清晨習慣，作為一天的開始。例如，我一起床就會喝一杯溫水，不僅能補充水分、提神醒腦，還能告訴自己：清晨時光正式開始了。這個動作於我而言不可或缺。

你也可以早起運動，讓自己的身體和心靈放鬆，為新的一天養精蓄銳、做好準備。

3. 合理作息：通常，我不會熬夜。即使不是睡眠專家也應該知道，如果總是晚睡，當然很難在早上五點半醒來。

早起能帶來很多好處。你的頭腦在清晨的寧靜中清醒，做事效率遠勝於度過漫長而疲憊的一天後的效率。此外，早起讓你更有創意力，你最好的想法會在此時出現。試試看早起兩週，看看感覺如何……你可能會上癮！

54 不僅要管理時間，還要管理精力

你正在考慮做一份副業或參加一個培訓課程，但是幾個月過去了，你依然在紙上談兵，因為你沒有時間付諸行動；你每天至少要喝三杯咖啡才能熬過一天，下班後的你筋疲力盡，除了吃飯和上網之外，什麼都不想做……我非常理解這些感受，因為我也曾經是這樣。

後來，我開始同時做好多事情：做銀行的本職工作、去大學講課、去各種大會上演講、寫文章……我究竟如何同時兼顧這麼多事？除了管理時間，我還學會如何管理一整天的精力。很多日常瑣事極易控制我們的時間、消耗我們的精力、擾亂我們的思維，所以我會盡量精簡瑣事，將精力集中於更要緊的事情上。

很多人只關注如何管理時間，但對我來說，忙裡偷閒往往才是有效管理精力的結果。別把精力消耗在不必要的事情上，比如無用的會議、單調的工作等，你就能空出時間。如果你的日程表滿到自己快要崩潰了，實在沒有時間做其他事，那就退一步，看看有什麼方法可以更有效的管理精力。

我來舉幾個自己生活中的例子。

1. 減少為瑣事做決定：如果每天都有繁瑣的事情要處理，那就試著做減法。你可能還記得，我每天上班都穿白襯衫和深藍色西裝，這樣我就比較省心，不用考慮早上要選什麼顏色的襯衫，我衣櫃裡所有襯衫都一模一樣。我只需要選擇一條喜歡的領帶，白襯衫幾乎能搭配所有顏色（除了白色）。這個著裝的例子不適合女性，但我有位女性朋友採用了異曲同工的辦法。她在手提包裡放了一個稍小的內袋，裡面裝著化妝品、鑰匙和錢等物品。每天早上，如果她想換新包，那她只要把內袋從前一天的手提包中拿出來就好，這樣做既省心，又不怕忘記鑰匙或口紅。

2. 固定一個習慣：有時候你會糾結該在什麼時候做某件事，基本上，解決方案就是固定在某個時間去做某些事情。如果有多個時段可選擇（例如要在早上七點還是晚上八點上健身房），你就需要浪費精力去做決定，甚至有人會乾脆放棄。

週一上午十一點半是我的健身時間，我把這件事記在日程表上，所以不會在週一安排與人共進午餐。快到十一點半時，我就會不假思索的拿起健身包，直奔健身房。

3. 為一天精力的高峰和低谷做好安排：上午我的精力更充沛，我在這段時間的工作效率更高，所以我會在上午優先做重要工作，盡量不參加會議。午飯後，有時會覺得睏，所以我喜歡將會議安排在下午兩點半，充分利用別人的精力（我不喝咖啡）。

你的工作性質可能無法像我的一樣靈活，不能精準安排一天該做的事，例如無法決定何時與經理開會；但是，意識到自己的精力在一天中有起有伏很重要，因為無論資歷多淺，你都可以對時間表做點小調整。

如果你一到中午便感到疲倦，那就利用午餐時間與同事交流，在上午精力充沛時完成工作。每個人精力的高峰、低谷時段都不一樣。我在早上效率更高，我的許多年輕學生卻有早起困難症，但他們夜裡一小時的產出，比上午一小時要多得多。你也可以**觀察一下自己在一天中哪個時間段的效率最高，把最重要的工作放在那個時候去做**。

4. 把工作和生活結合起來：要把生活和工作完全分開、做到二者平衡，需要付出很大努力，這對工作繁忙的專業人士來說實在太難了。我就把生活和工作放到一起管理。例如，有時我會在下班回家後完成比較重要的工作，這比等到第二天上午再做更高效。

休假時，我也會回覆緊急的工作訊息，因為延遲回覆可能導致更多問題。還有，如果我去某個城市度假，我會去見見那裡的同事。工作與生活的融合是雙向的。如果我的部屬想請假去看孩子的學校公演，我很樂意讓他們早退。

我盡量把自己的生活和工作有效結合，空出時間與家人相處，因為我努力工作，正是為了給孩子幸福的生活和良好的教育。

5. 讓重複性工作自動化：有些無聊的工作事項會消耗很多精力和時間，所以我們應當盡可能將其自動化。我在一家銀行擔任風險控制經理時，必須每天從路透社（Reuters）和彭博社

（Bloomberg）拿到當天的外匯匯率，並以電子郵件的形式發送給前臺交易員和後臺同事。

我很快就對這項任務感到厭倦，便改用Excel編寫了一個巨集功能，將其自動化，我只需要在按下發送鍵之前，仔細核對數字即可。如果你不是寫程式專家，可以請朋友或同事幫忙。自動化處理不一定需要很高的編碼技能。例如，你可能會收到很多不相關的訂閱電子郵件，有時很難取消訂閱，與其每天逐一手動刪除，不如設定自動刪除，讓電子郵件應用程式代勞。

6. 極端時間管理：很多人以為每天有二十四小時可以用，其實，減去工作、學習、睡覺、吃飯和其他日常工作的時間，我們可能只剩一小時留給自己。因此，想想如何省下幾分鐘而不是幾小時，才是更現實的做法。假如每天省下十五分鐘，那麼你的個人時間已經增加了二五％。我每天早上會縮短穿衣服的時間以節省幾分鐘。我稱此為「極端時間管理」。除了袖扣，男士商務襯衫的袖子上通常有一個紐扣，但它很難繫，因此，我的裁縫縮小了我的襯衫袖口，這樣就不用紐扣了。

此外，我也不想把時間和精力浪費在綁鞋帶上，所以我會買懶人鞋；甚至連我的西裝褲側邊都有腰扣，這樣就不用繫皮帶，過機場安檢時便不用穿脫皮帶。這是不是很極端？是的。有效嗎？有！

7. 把一切都寫下來：CEO們有私人助理提醒他們日常約會和優先事項，但大多數人沒有這樣的幫手。與其努力讓自己不忘記那些任務和會議，不如把一切都寫下來。一個網路研討會話題、一間想去嚐鮮的新餐廳、一部想看的電影，我把這些統統寫進我手機裡。一旦才思枯竭、忘記某項事情時，我就會看看我的筆記。

為了將工作和生活結合在一起，我用同一個行事曆來記錄所有事情。我不想在兒子參加柔道比賽時安排客戶會議。如果太太在我談一筆數百萬美元的交易時打電話過來，要我下班後買些麵包回家，我也會立即寫進行事曆中，這樣就不必為此一直提醒自己。

忙於工作時，人們很容易忘記私事。買麵包是件小事，但要是忘了買就不再是小事一樁了。不信？你來我家看一下就知道了！

第　十　章

幸福生活的貼心指南

55 工作和幸福，如何互相影響

人人都想從工作中得到快樂，但是我們的僱傭合約中沒有提到幸福感。雇主用金錢換取我們的服務和時間，他們沒有義務為我們提供幸福感。

了解工作和幸福如何互相影響，是我們自己的事。如果你能做到這一點，同時不設定不切實際的期望，就能找到工作中的樂趣，從而更開心的工作。以下是我從多年工作中收穫的有關幸福的一些心得。

1. 工作與生活的節奏感：平衡工作與生活確實可以提升幸福感，但很難實現，因為科技發展已經讓工作滲入個人生活中，這種情況是前所未有的。想讓每天的日程完全公私分明，儼然變成了一個挑戰。我們很難每天在固定的時間下班，而遠距辦公更是模糊了工作和生活之間的界線。

所以，我認為追求工作與生活的節奏感更為實際。這是個較為靈活的概念，讓工作安排可以時緊時鬆、勞逸結合；保持工作與生活的節奏感，磨刀不誤砍柴工。我會在後文具體介紹如何將工作與生活結合。

你不必從週一到週五，每天工作到傍晚六點半才下班，可以在前幾天多工作幾小時，週四和週五早點下班，與朋友聚會或陪伴家人。

你也能從長遠的角度來安排。假如工作之餘，你還想考個專業證照，在備考期間就可以準時下班，考完後再多加班趕進度。

這種節奏感適用於人生的各個階段。職業生涯早期，你可能需要長時間工作，累積專業經驗；幾年後，你需要尋找人生伴侶，便會增加社交活動；一旦與伴侶的關係穩定了，工作可能會再次成為生活重心；有了孩子，又把精力放到家庭上。如此往復，人生就是這樣。

2. 工作不可能一直讓你愉快：人的愉悅感來自精神狀態的改變，沒有這種改變，人們就不會感到開心。老闆今天給你加薪五〇%，你會高興得跳起來！第一次看到銀行帳戶上的數字增加也會讓你開心。但是幾個月後，你會覺得加薪是理所當然的，最初的喜悅開始消退。一年後，你又會開始對現狀不滿，希望再次漲薪。因此，我們必須接受這個事實：無論薪水多少、無論表現如何，在工作中不可能一直感到快樂。

3. 快樂無法抵銷不快樂：你去外地出差，航班超售，航空公司為你升等頭等艙的座位。你從未坐過頭等艙，開心得像個得到糖果的孩子。旅途中，空姐不小心把咖啡灑到你的身上，弄髒了你新買的白襯衫。不過，你只出差一晚，沒帶換洗衣物，所以你現在很惱火。即使剛才心情很好，也無法抵銷現在的壞心情。這就是為什麼，有的人即使腰纏萬貫、功成名就，也有痛苦萬分的時候。

4. 我們需要不同類型的快樂：我們需要從食物中攝取多種維生素，同理，我們也需要從工作中獲得不同類型的快樂。

- **財富**：我們都需要薪水能帶來的快樂，無論是餐桌上的美食，還是其他讓人愉悅的東西，譬如一次美好的假期或一臺新手機。
- **人際關係**：穩定的人際關係，包括工作上的，能給我們帶來很多快樂。有些人只與直接打交道的人保持聯繫，其實你應該在公司裡找幾個不同崗位的朋友，他們與你直接團隊的同事不同，你們不會遇上同一個升職機會、無須在同一個主管面前表現自己，因此沒有競爭關係。尤其是當你遇到困難時，他們反而能給你更多支持，更容易跟他們公開談事情，分享對工作的真實感受。一起喝杯咖啡或共進午餐，雙方互相傾訴，更能產生共鳴。
- **興趣愛好**：如果你從事的正是自己熱愛的工作，那麼恭喜你。對大多數人（包括我自己）來說，目前從事的都不是我們真正熱愛的事情。但你仍可以透過將興趣融入工作，或從事副業來增加工作樂趣，藉此提升幸福感。
- **意義**：有的工作本身就很有意義，比如在非營利組織工作，或幫助弱勢群體的社會責任方面的工作。雖然大多數人的工作不會產生如此大的社會影響力，但我們仍然可以找到其中的意義。

我父親從一九五〇年代到一九九〇年代，一直在賣蝦麵。這份工作很辛苦，他一年到頭只在大年初一休息一天，但他對此無比自豪。他身上有一種「匠人精神」，對食材的新鮮度和烹飪的標準非常挑剔，因為他追求食物的美味。看到人們喜歡吃他的麵條、一次次的光顧，他就感到很開心。有一次，我聽到有位顧客對他說，在移居海外之前，她經常來吃他做的蝦麵，如今每次回到新加坡都會再來光顧，因為她太想念這個味道了。能為這樣的顧客煮一碗美味的麵條，獲得簡單的快樂，這對我父親來說意義非凡。

- **健康：**許多人沒意識到運動和健康飲食的重要性，把精力和時間放在工作、家人和朋友身上，卻不好好鍛煉身體。長遠來看，這會適得其反。如果身體不好，與可能遭受的痛苦相比，所有的快樂都顯得微不足道，收入再高、工作再有意義也於事無補。所以我幾乎每天都吃健康的早餐，每週利用午餐時間去辦公室附近的健身房鍛煉。有段時間我只能在家工作，便在我住的大樓裡上下五趟爬十六層樓梯，每週兩次。前文講過，經常鍛煉也能改善心理健康。

請允許我祝福你在生活中的各方面都能富裕充足：錢足夠多、人生有意義、身心健康……還有，擁有滿滿的幸福感。

56 我花過最有意義的兩塊錢

在職業生涯的中期，主管曾為我做過一次績效評估。他對我的工作很滿意，因為我達成了許多交易，但他說我應該把一些功勞讓給同事。那時候我們的競爭異常激烈，我一直很努力爭取主管的認可，還擔心有人比我能言善辯，奪走我辛苦得來的榮譽。那一次，我把主管對我的提議放在心上，反思自己的行為後，我覺得自己做錯了。

從那以後，我開始採取更合作的工作態度。每當完成一筆大型交易，我都會發一封電子郵件感謝所有相關人員，把功勞分給他們，並將信件副本寄給他們的主管，讓他們知道自己的部屬有多出色。然後，我會準備一些甜甜圈或蛋塔（前者比後者受歡迎兩倍），一起慶祝我們取得的成績。如果是一筆特別重要的交易，我還會帶著大家出去大吃一頓。

在過去，我做出績效時，人們也會向我表示祝賀，但他們的祝賀流於表面，他們也可能因為自己未被認可而感到不滿、心生嫉妒。但是現在，在我與他人分享功勞後，不僅我自己的幸福感增加了，工作氛圍也跟著改善了，人們開始把我當作盟友，而非對手，主管也能看出我不僅是業務高手，也很有團隊精神。

人人都會竭盡全力提高自己在公司的存在感，這是很自然的事情，尤其在大公司，每個人都希望自己能被看見。但這是短視近利的思考方式，從長遠來看，承認夥伴的貢獻、與他們建立持久的互惠關係，你才會從中受益。同事會很樂意幫你取得更多成功，因為他們知道自己也會有功勞。因此，一旦出現新的業務機會，他們可能更願意告訴你。

舉手之勞的善意

就像與別人分享功勞一樣，施與也讓人感到快樂。每週一中午，我都會去新加坡市中心萊佛士坊的健身房，運動完，我會去附近的一間小吃攤買午餐，那裡有道地又美味的海南雞飯，我每週都要吃一份。一次排隊時，我前面站著一個穿著正裝的高個子年輕人。

「一份海南雞飯。」他說。

攤主說：「五元。」

「哦，五元……」年輕人打開錢包，發現自己只有三元（小攤不能刷信用卡，也沒有電子支付）。年輕人有點尷尬，不知所措。

「我替他付吧。」我遞給攤主兩塊錢。年輕人轉過頭來看著我，好像我是他的救命恩人。

「您有沒有 PayNow[1]？我把錢轉給您。」

1. 新加坡的一款行動支付 APP。

「我沒有，沒關係，祝你用餐愉快。」我那時剛搬回新加坡，不知道 PayNow 是什麼。

「太感謝您了！」說完，他拿著海南雞飯離開，消失在新加坡金融區的人潮中。

這無意中的小小施與，令我一整天心情大好，這是我花過的最有意義的兩塊錢，比吃一塊等價的巧克力棒開心多了。這讓我意識到，提高幸福感不一定要花很多錢或精力。無論是幫助陌生人付兩塊錢買午餐，還是與同事分享功勞，如果我們慷慨大方一些、更關心他人一些，便能收穫很強的幸福感。

57 別走尋常路

我乘船前往橋咀洲遊玩。橋咀洲位於香港東面海域，四面環海，海水清澈見底，還有兩處風景怡人的海灘，是一日徒步遊的好地方。探索完主島後，我決定步行穿過連島壩。這是一座天然形成的砂卵石橋，在低潮時連接著橋咀洲和附近的橋頭島。我走在連島壩上時，左腳涼鞋的帶子斷了。之後一整天我走路時都不得不小心翼翼，生怕被絆倒。

我很鬱悶，這是我最心愛的涼鞋，非常舒服，我已經穿了八年。幾週後回新加坡出差，我特地去了當初買這雙涼鞋的店，希望這一款還有存貨。我隨著店名稱呼店主為「巫師先生」，給他看了那雙涼鞋，他說店裡有貨，尺碼也對。這何止是意外之喜，簡直令人欣喜若狂！

「巫師先生」是個很有個性的人。他在倫敦住了三十年，回到新加坡後，他發現歐洲的專業皮革製品在這裡很有市場。他現在一定有六、七十歲了，滿頭銀髮，卻喜歡穿緊身牛仔褲、背心和尖頭鞋。那天我見到他時，他穿著銀色的便鞋，繫一條黑色腰帶。我問他為什麼不按照男性時尚雜誌裡的指南，來搭配腰帶和鞋子的顏色。他回答：「年輕人，人生短短幾個秋，何必擔心顏色搭不搭。想穿什麼就穿什麼。」

我頓時醒悟了。我心想，**我們施加在自己身上的限制，並非基於什麼操作規則和條例，而**

是別人（朋友、家人和同事）對我們的看法。我們努力學習，找一份好工作、結婚、生孩子、等待退休。如果太受常規教條限制，生活會變得單調，我們也不會快樂。

回顧過去，我的職業會這樣發展，在很大程度上是因為我總是不走尋常路。上大學選擇科系時，我遵從許多學長的道路，選擇理科，主修機械工程。然而，我大學畢業後申請了銀行的職位，這在當時的理科生中很不常見。

我倒不是覺得在銀行工作比較好，只是想接觸不同的行業、拓寬視野。我的選擇打破了當時的擇業慣例。

許多年後，我受聘於香港的一家投資銀行，負責企業客戶。入職後，我發現團隊裡沒有人負責金融機構客戶，於是我擴展了職責範圍，開拓這個領域，也沒有人阻止我。不到一年，我就與一家金融機構完成了一筆交易，所有人（包括我自己）都很高興。後來我繼續負責這個領域。當初我沒有給自己設限，後來也得到了回報。

在銀行工作中途，我開始去幾所大學講課。這又是一個打破傳統的變動。金融服務行業要求苛刻，很少有全職人員從事第二職業，我卻過上兩種不一樣的生活。大學裡的課程通常是提前安排好的，因為需要定好上課教室和授課時間，所以我通常在六個月前就會知道上課的確切時間和地點。

相比之下，在銀行工作時，我無法確定下週自己會在哪裡。如果某位客戶突然要見我，我可能第二天就要搭飛機趕過去，所以心裡一直很擔心銀行工作會在最後一刻妨礙講課安排。儘管平衡沒有規律的銀行工作和按部就班的授課生活充滿挑戰，卻讓我獲得了許多寶貴的新經驗。我喜歡與學生分享我的實戰技巧，也喜歡幫銀行的人力資源部招聘實習生。總而言之，能夠為他們提供價值，我感到非常快樂。

現在，我花了很多時間寫部落格和講課。大多數部落客即使精通中、英文，也只用一種語言來寫，他們可能是擔心一篇文章裡出現兩種語言會讓讀者厭煩。但我的每篇文章都是用中、英文雙語來寫。幾年來，我一直堅持著這種非常規的寫法，雙語文章成了我的招牌，我的英文讀者和中文讀者可以在文章中相聚，互相交流看法。

總的來說，沒錯，我們必須遵紀守法，遵從行業和公司合理的標準，如工作場合著裝須得體等，這些無庸置疑。除了這些常識之外，那些強加的非正式傳統，往往對我們並無好處，只要不傷害別人，我們不妨予以取捨。

例如，軟體開發人員按慣例應是電機系出身，但我最近遇到幾位出色的工程師，他們沒有因循慣例，大學反而是讀哲學等其他專業學位，提高自己的批判性思維能力，寫程式的技能則完全靠自學。

想想你的職業，你做這份工作是不是也是某個傳統使然，或是出於別人的期望，並非做了最適合自己的選擇？有沒有別的道路能讓你更成功、更幸福？當你意識到自己的工作由自己主宰，也能打破多年來自己強加給自己的傳統時，便會有如釋重負之感：視野打開了，生活有趣了。如果沒有開始講課和寫作，我這一輩子都只會待在銀行圈裡。

和大多數人一樣，我很容易在不必要時陷入盲從的陷阱。偶爾我會後退一步，想想「巫師先生」的話：腰帶和鞋子的顏色，不一定要搭配。

58

邊走邊談

人生要追求夢想。

人生要採取行動。

有時人生也要駐足當下，聞聞花香。

飄雪的清晨，我漫步在一片繁忙的紐約街頭。有人在清掃積雪。腳踩防水靴的女人正穿過紅綠燈，在上班的路上安然向前。我坐進一家咖啡館，悠閒的看向路人。

有一年四月初我去了一趟紐約，在LinkedIn上寫下了這段略帶詩意的文字。在那個時節看到雪景，讓我感到驚喜。我看到春日街邊盛開的黃水仙，黃色的花瓣被白雪覆蓋，真是奇異的景象。雪中的曼哈頓很冷卻很美，我忙裡偷閒、四處溜達，坐在咖啡館裡，感受著周圍的世界。走出咖啡館，散完步，我感到輕鬆又愉快，腦子裡裝滿了靈感。

如果你在讀這本書，最想看到的可能是如何獲得事業上的成功。我們總是忙忙碌碌、四處奔波，卻很少靜下心來思考：到底什麼是成功？應該設定怎樣的目標？可以從哪裡開始？什麼樣的工作能讓我們感到快樂？

我覺得有時候我們需要放下邏輯，天馬行空的想想生活中的各種可能，這是獲得奇思妙想的好辦法。你要留點時間讓自己活在當下，哪怕只是每週從忙碌的日程中抽出十五分鐘；我的做法是出門散散步，沉浸在大自然裡。如果去公園，我會觀察各種各樣的植物，聆聽鳥兒的啁啾；如果實在沒有時間，我就在自家花園裡走走，聞聞花香。

我建議你也試一試。首先，一邊散步，一邊思考，可以讓你放鬆，提升愉悅感。其次，當你放鬆下來、不再被眼前的工作壓力困擾時，你會放下雜念，去考慮更有創意、更長遠的話題。散步可以給你機會，讓你想想該寫篇什麼樣的文章，或者如何寫一封郵件給一個能啟發你的人，冒昧請他賜教。

隨意散散步、沉浸在當下（這本身就是一個小行動），也能讓你反思讀這本書有何收穫、打算如何將心得付諸實踐。如果強迫自己立即拿出一個「小行動計畫」，想法可能受到限制，計畫反而會不那麼清晰。我並不是建議你偷懶，我想說的是，離開辦公桌、走到戶外，說不定腦海中能浮現讓你驚喜的奇思妙想。

獨自散步有助於我們釋放創造力，但**與另一個人一起散步是了解他人觀點的好方法**。如果我希望從所欣賞的人那裡得到建議，我會邀請他們去散步，邊走邊談，而不是請他吃飯。儘管不是每個人都能接受這樣的邀請，但也有很多人（包括一些高層）願意，因為我會提出在他們方便的時間和地點見面，並事先設計一條相對安靜、景色怡人的路線，預計在一小時內走完。

你可能會問，既然大家一般都在餐桌上談事情，我們為什麼非要去散步？首先，你可以稍微活動筋骨，免費欣賞優美的環境。更重要的是，走路時雙方的談話將更深入。邊吃飯、邊談話確實有很多好處，尤其是在招待外國客人或一大群人時。但是，如果你想一對一深入討論，聽對方最真心的建議，餐廳其實不太適合，因為餐桌上的談話經常被打斷，要點菜、吃飯，還要付帳。

如果你們只是走路，注意力便可以集中在談話上。因為干擾少，所以交流也會更順暢。下一次，如果你想從有資歷的人（或擁有不同技能的人）那裡得到建議，可以問問他們是否願意和你一起散步，邊走邊談。

我認識的一些學生和年輕的專業人士不喜歡走路，他們覺得這是在浪費時間。他們想把精力放在具體的行動，而不是思考上。但我告訴他們，行動與思考是聯動的。如果能擺脫室內環境的束縛，創造性思維就更容易被激發，也能從別人那裡獲得更多靈感，而這也幫助我們制定更好的計畫，從而將想法付諸實踐。

不好意思，窗外的花園裡的荷花剛剛綻放了，這是荷花今年第一次開花，我要去看看。你也出去走走吧！希望後續感悟，能為你帶來一些新想法。

59 大自然教會我的事

我們周圍的許多植物已經活了幾十年，它們遭受風吹雨打，經歷枯榮，依然活了下來，生生不息。我一直熱愛自然、享受自然，近幾年還發展了園藝愛好。幫助一株垂死的植物重新成長茁壯，或看到樹上第一次結出果實，這些都讓人欣喜。

其實，我從園藝愛好中收穫的一些心得，也非常適用於職場。

我家的花園裡有兩盆錫葉藤。這是一種攀緣植物，葉子是深綠色的，盛開的花朵呈現令人驚嘆的紫色。颳風時，右盆裡的錫葉藤總會被風吹倒在地，左盆中的錫葉藤卻不會。

我非常不解，因為這兩株植物彼此挨著，一樣高（約兩公尺），而且栽在同樣大小的花盆裡。不同的是，為了引導它們向上生長，我把右盆的藤蔓用鐵絲緊緊固定在幾根結實的木棍上，左盆裡的藤蔓則被繩子鬆散的綁在兩根細竹竿上，相較而言，右盆裡那株看起來更結實。

但我最終明白，原因是右邊那株很容易招風，而左邊那株的枝條則會隨風搖擺。左盆中的每根竹竿都很柔軟，來回扭動也不會把整株植物連帶翻倒，而且，左盆裡的藤蔓雖不像右盆那般挺拔整潔，但很柔韌，能開出同樣美麗的花。

我們的事業也會面臨強風襲擾，比如裁員、被自動化取代、新冠疫情等，因而偏離既定的職業發展軌道。遇到這種狀況，就像左盆裡的錫葉藤，我們需要在暴風雨來襲時保持靈活柔韌。**靈活柔韌並不意味著軟弱，而是學會適應新環境，不被突如其來的變化摧毀**。

一九九七年亞洲金融危機爆發時，我從事衍生性金融產品工作的計畫落空，因此我改變了方向，選擇從事風險管理。四年後，我利用風險管理的工作經驗，獲得一份與衍生性金融產品相關的職缺。如果你能靈活變通，願意做出妥協，就能安然度過風暴，再找機會重新綻放。

工作也可能困住你的潛力

我在花園裡種了一株沙漠玫瑰（也稱富貴花），開著奇異的血紅色花朵。它的枝幹非常粗壯，乾旱時可以儲水。沙漠玫瑰的形狀很漂亮，有點像盆栽。剛買回來時長得非常好，但大概一年後，我發現它沒有那麼頻繁的開花了。

我為它加了些肥料，移到陽光更充足的地方，都沒有用。於是，我拍了一張照片貼在網路上尋求建議，有人評論說它的根太壯，已經冒出花盆了。於是，我把它移植到一個更大的花盆裡，很快它又開始花蕾滿枝。

與我家的沙漠玫瑰一樣，有時你可能發現自己的事業並沒有蓬勃發展，崗位和工作環境過於嚴苛，無法施展才幹、實現抱負。在這種情況下，你就要試著爭取橫向調動，拓寬職業視野。你可以拓展自己在其他部門、公司甚至其他行業的人際關係，從而獲得新的事業視角。如果在一家跨國公司工作，可以考慮申請海外職位，即使可能減薪或要去陌生的環境獨自闖蕩，這也能幫助你獲得新的發展機會。

花期未到，請耐心等候

剛搬回新加坡定居時，我注意到我家外面的街道看起來光禿禿的。這是一片公共土地，所以我打電話給公園局，請他們允許我自費種點樹。我的設想是種一排錦葉欖仁[2]，它突出於樹幹的茂密樹葉，會天然形成可愛的樹影。

公園局拒絕了我的請求，不過兩天後他們派了一名代表來見我。他向我解釋說，在街道上種樹必須慎重，有些樹木的根系很強大，雖然利於樹木茁壯生長，但幾年後，如果樹根擴張得太厲害，可能會破壞排水系統。不過，他也覺得這條街需要綠化。幾個月後，幾個工人在街道兩旁種了很多樹。

公園局代表的迅速反應讓我印象深刻，我也開始反思他所說的樹根的破壞力。隨著時間推移，每天微不足道的生長也會產生強大的影響力，久而久之，樹根可能會破壞城市的基礎設施；而在我們的職業發展中，長期、持續的進步，無論多微小，仍可以產生積極的結果。

例如，你可以每週結識一位業界人士，或者每次買東西都省下一點錢，用於職業發展。這

2. 編按：一種常綠喬木。

些小行動可能很久之後才會看到效果，但積少成多，最終的影響會非常可觀。這些年來，我一點一點的練習普通話，看中文電影、使用中文社群媒體、經常用普通話和朋友交談，如今我終於可以用普通話發表演講了。

即使久久看不見進步，你也不用氣餒。在我的花園裡有一株巨大的九重葛（又稱葉子花、三角梅），這是一種很頑強的植物，幾乎常年開花。相比之下，另一盆七里香卻不大開花，可一旦開花，馨香撲鼻，大老遠都能聞到它的香氣，的確名副其實。植物的開花季節各不相同，時機未到，想讓它們開花是不可能的。

有些人似乎一直很成功，就像那株九重葛，但大多數人在一次次勝利之間，都經歷著平平淡淡，如同那季節性開花的七里香。七里香告訴我們，即使現在處於職業停滯期，你仍然可以很幸福，只要耐心等待季節變換，成功一定會再來。

先為他人增值，就能建立人脈

《生態經濟學》（*Ecological Economics*）刊登了德國一項有關鳥類多樣性的研究，研究發現，若你身處在約十四種鳥類物種的環境下，你所感受到的滿足感，相當於每個月多賺一百五十美元。

看到這樣的研究結果，我一點也不驚訝。看著鳥兒飛來飛去、聽它們婉轉的歌聲，我的心情總是特別好。所以我去買了肥料。你一定在想，肥料和鳥兒有什麼關係？我給花園的植物施肥，精心照料它們，它們開花、結果，自然會吸引鳥兒。我總不能什麼都不做，還盼望鳥兒能來吧？

同樣的，想要生活幸福、事業繁榮，我們應該努力吸引那些善於啟發、知識淵博、支持他人的人。我們應該考慮，要想與他們建立良好的關係，我們得做些什麼。人際關係也需要培養，方法既可以是幫他人買份午餐，也可以是利用自己的專業知識，幫助他們完成一個企劃。你只有先為他人增值，才能建立更好的人際關係。

植物需要陽光、肥料和水才能健康生長，我們的職業發展也需要類似的東西。新知識是陽光，帶給我們能量和機會。我們花時間與激勵、幫助我們的人在一起時，他們就像肥料一樣為促進我們事業更快發展提供養分。我們每天都採取一些小行動來提升自我，這就像定期給植物澆水，慢慢的、一點點的，我們開始綻放。

60 對抗消極心態的感恩清單

十二月三十一日在醫院待上三小時，可不是迎接新年的好方式。我在室外修剪植物時，不小心被一根枝條刮到右眼，導致視力受損，看燈光時會產生光暈，不得不去就醫。新年前夕晚上九點多，我終於離開醫院。我在回家路上想，即便這場事故讓我的計畫泡了湯，我究竟該責備自己的大意，還是應該試著心存感激？

事實上，我又自責，又感到感激。我想：「我很慶幸自己能接受高品質的治療。即使是一年中的最後一夜，一位資深眼科專家不到兩小時就來查看我的病情。我很感激他診斷出我只是眼角膜（眼球外層）輕微擦傷，傷口沒有嚴重到會影響我一輩子。」

我很慶幸我的視力尚好，可以繼續寫這本書。

聚焦在生活中不好的一面，是人類的天性，但我們也可以選擇對我們所擁有的一切心懷感激。正向心理學研究中顯示，感激與幸福感密切且持續相關。心懷感恩能幫助人們感受到更積極的情緒、享受美好的體驗、改善身體狀況、勇敢面對逆境、建立牢固的人際關係。

工作中可抱怨的事情有很多。例如主管處事不公，讓我無法晉升，或是公司的等級制度太複雜，無法施展才華等。但是，如果你擁有一份體面的工作，即便這不是最理想的職位，還是有很多值得感恩的地方。我在某家銀行工作時，也經歷過一段充滿壓力、不開心的時期。有一天，我決定列出這份工作讓我喜歡的地方。

我很感激我的銀行為家人和自己提供醫療保險。
我很感激有機會為公司貢獻。
我很感激我在公司得到了學習和培訓機會。
我很感激能有靈活的工作時間和年假，讓我有時間陪家人。
我很感激與同事們的思想交流。
我很感激我的辦公地點交通便利。
我很感激我的工作能讓我去不同的城市出差，有機會體驗豐富多彩的文化。
我很感激主管允許我做兼職。
我很感激客戶欣賞我的專業知識。
我很感激我有穩定的收入，可以隨心所欲購買喜歡的手機。

寫下一系列感恩事項，回想其中的內容，我的內心感到平衡。工作中的缺點並沒有神奇消失，但我現在能不去細究那些不足，轉而欣賞以前被視為理所當然的好處。我所感激的大部分內容（包括穩定的收入、與家人相處的時間以及醫療保障等），都比我在工作中遇到的挫折更重要、更宏大。我還想通了另外一點，假如我失業了，我面臨的問題會大得多。擁有這樣一份還算不錯的工作，我感到很幸運。這麼一想，就開心了起來。

現在，你已經讀到本章的結尾了。你可以花幾分鐘列一張清單，寫下目前工作中所有讓你享受的地方。盡量寫出十條來，就像上面的例子那樣。很多人會忽視一些簡單的事實，比如每個月都能拿到薪水、每天都能獲得寶貴的經驗等。

你可以每個月重複一次這個過程，相信這將幫助你用更廣闊的視角看待遭遇的不快，用更正面的心態來應對挑戰。在工作中感到壓力和焦慮是很自然的，畢竟你花了很多時間工作，而且不可能與所有同事都相處愉快。不過，你要記得自己還有一劑感恩良藥，偶爾可以用來對抗消極心態。

第十一章

沒有頭銜，也能做領導者

61 展現脆弱的一面

我曾在亞洲一所頂尖大學教授ＥＭＢＡ的領導力課程。有一次講完課後，我和一群學生聊天，其中有個學生叫大山，在日本一家航運公司擔任高級經理。我問他有什麼興趣愛好，他說自己熱衷於帆船運動。

剛入職場時，大山在東京一家公司上班。他很想出國參加帆船比賽，但是部門經理不批准，於是他決定直接寫信給董事長。我覺得大山的這個故事很不錯，建議他講給團隊成員聽。他有點猶豫，因為他覺得自己當年越過主管、直接與董事長聯繫的做法，讓主管很難堪，這樣的行為很不妥。

我告訴他如何把故事講好。

最後，儘管他不大自在，但還是同意分享。以下是那天他的講述：

大山親述自己的故事

有三件事你不應該在工作場所做：

一，將個人興趣置於工作之上；

二，讓主管難堪；

三，惹惱同事。

如果你做了這些事，你的風帆會失去方向，你的船會失控、會傾覆！

但這三件事我都做了，一件不落。這是我的故事。

那年我二十五歲，衝動魯莽，不在乎什麼工作表現。你會問：「為什麼？」因為我喜歡帆船，它是我心中的第一要務，我一直在刻苦的訓練。

我想帶著我的雙人帆船去義大利加爾達湖（Lago di Garda）參加世界錦標賽。

這要花很多錢，還要請兩週假。為了克服這些障礙，我想到一個點子：讓公司贊助我；作為回報，我會在帆船的三角帆上印上公司的LOGO。

可惜，主管對這個提議不感興趣。

於是我把這個想法推銷給公關部，也被公關部總經理婉拒了。

當然，我剛入職不久，公司為什麼要贊助一名新員工的個人賽事？

但是我不死心，一心想達成心願。

……

突然，我靈機一動，想到可以寫信給董事長，說明贊助我的意義，並表達我的渴求之情。我把信寄出去後，等了好幾天，什麼動靜也沒有。我逐漸開始後悔自己的魯莽行為。

就在這時，我的電話響了——是董事長打來的！

他說：「你的信我收到了，我喜歡你給自己設定的挑戰。期待你的戰績。」

我放下電話，雙手一直在顫抖。我馬上去找經理，告訴他董事長打電話給我。他面露尷尬之情，要我再去聯繫公關部。我最終得到了公司的贊助，實現了夢想。

我把個人愛好置於工作之上，讓主管難堪，讓同事惱火，因為我的出海增加了他們的工作量。雖然我打破了工作場所的常規，但仍受益匪淺，因為我學到實現目標的方法：

一，設定目標；

二，相信自己；

三，採取行動；

四，考慮不同選項；

五，不要放棄。

總結一下我的故事：不要讓約定俗成的規則左右你的人生！

大山的演講很成功。他正視了困擾自己多年的一樁糗事，與年輕的同事們大方分享。大家給了他很積極的回饋，其中有個人寫道：「大山先生，謝謝你今天分享的個人經歷。我必須說，你很勇敢，能大膽追求自己的理想。我非常喜歡你最後那張幻燈片。你說得很對，我們都是自己人生的舵手，訂好航線，向目的地出發。」

在演講之前，大山在大家眼裡只是一位能力強的經理，但演講之後，人們認為他是位有實力的領導者，他勇敢、自信，勇於追逐夢想。大家都願意追隨這樣的部門領導去實現願景。大山向我講這個故事時，我很受啟發，但尤其令我欽佩的是，他能和更多人分享這個故事。我認為他展現了卓越領導者的四項特質：

- **勇氣**：大山曾對越過主管直接聯繫董事長爭取贊助的行為感到羞愧，多年來他一直對此事避而不談。對他而言，面對這件事需要很大的勇氣。

- **謙遜**：大山是一位事業成功的高級經理，但他仍然謙遜的接受了我的建議，向我學習演講技巧。他過去只習慣展示財務數據，而這是他首次公開談論個人經歷。
- **願意講授**：大山一直在思考該如何培訓年輕同事。雖然他覺得分享自己的故事讓他感到很不自在，但為了培訓，他還是做了。
- **真實**：大山沒有把自己的經歷從頭到尾描繪成一段英雄史詩。他承認自己後悔發了這封信，還描述自己打完電話後雙手顫抖，展現脆弱的一面。呈現真實狀態讓同事們更願意與他打交道。

領導者通常只願意談論他們成功的過往，比如完成的交易和企劃等。但是，如果我們想成為真正受人尊敬、能夠與人建立良好關係的領導者，就應該像大山一樣，講講生活中那些更具挑戰的真實經歷。

62 問問別人成功的過程

有些管理者的部屬眾多，但這不代表他們就是優秀的領導者。要成為一名領導者，必須有願意追隨你的人。人們追隨你是因為相信你，而不僅僅是因為你的職位高。你需要了解員工的特點，深入挖掘他們成功的原因，這樣才能更有效的激勵員工。看到別人的缺點很容易（我自己也是這樣），但你得了解員工的優點，才能恰如其分的感謝、稱讚他們。

認可同事的出色工作，有助於快速建立良好的人際關係，甚至會讓你在還沒有部屬的時候，就奠定未來走上領導崗位的基礎。不過，鍛煉敏銳的識人能力不一定要從工作場所開始，想想看，你在日常生活中遇到的人，是如何達到今天的水準的？

我看過太陽馬戲團（Cirque du Soleil）的一場表演。看著雜技演員挑戰地心引力的騰空翻躍，我心想他們究竟投入了多少時間和精力，才能完成如此令人嘆為觀止的表演。他們必須高度集中精神，才能確保自己和隊友的安全，誰知道他們要跌倒多少次，才能如此傲然的站在現場觀眾面前？

馬戲團表演讓我想到，對別人充滿好奇心在工作上也很重要。**作為一名領導者，看到同事們取得巨大成就，你不應該只讚賞最終結果，還應該留意他們一路走來的過程。**如果你不只是表揚他們，還對他們的成功過程發自內心的感興趣，他們也會由衷感激你的認可。他們經歷了多少次失敗，從中吸取了多少教訓？如果不問，你就不會知道。以下兩個例子，就是我親自觀察的案例：

1. 首獲米其林星星的小吃攤：二〇一六年，新加坡的陳翰銘師傅那不起眼的「了凡香港油雞飯麵」小攤子，獲得了米其林一星，是世界上首家獲此殊榮的小吃攤。我看了有關陳師傅的媒體報導，但還是想親自一探究竟。

我在午餐時間去了他的麵攤，想嚐嚐他的手藝並請教一些問題，但是排隊的人實在太多了！儘管我沒買到麵，好心的陳師傅還是同意打烊後和我聊一會兒。這次聊天讓我收穫豐富，後來我列了一份陳師傅的成功要素清單，包括勤勞、謙虛、待客友好、態度積極、對配料充滿熱情等。

其中最令我印象深刻的是他的工作效率。悶熱的攤位旁只有一名助手，陳師傅動作流利得就像一臺超音波切菜機，煮出一盤接一盤的招牌油雞麵。他個子不高，工作空間是量身訂製的，砧板和操作臺的高度適中。此外，陳師傅這個人也非常專業，大多數街頭小販因為工作環境又熱又油，都穿著T恤和短褲，但他每天都身著整潔的白色廚師制服。

我問為什麼麵的價格一直沒變，至今仍只賣幾塊錢，他回答說，對小販中心而言，這個價格很公道。這也反映了他的另一個優點：正直。陳師傅沒有利用自己的名聲趁機提價，反倒非常看重自己的老客戶。

2. 我最信任的裁縫：我有兩位很出色的裁縫，一位為我做西裝，一位為我做襯衫。在過去十五年，我工作時穿的所有襯衫都出自鐘師傅之手。儘管面臨激烈的競爭，但鐘師傅不打廣告也有很多老客戶。他的小店位於香港銅鑼灣，在一幢不起眼、沒有電梯的大樓四樓。他是如何讓顧客滿意的？與陳師傅一樣，鐘師傅也有一些與眾不同之處。

- **他手藝高超**。大多數裁縫只會幫顧客量尺寸，縫紉工作由別人來做；但鐘師傅從裁剪、縫紉到最後的修改全部親自動手。
- **他很勤勞**。我週末打電話給他，他也在工作。
- **他總是按時交貨**。
- **他注重細節**。他特意把我的左袖口做得比右袖口略大，就為了為我的手錶留出空間。
- **他值得信任**。只需要打一通電話，就可以放心請他幫我訂製一件襯衫，我知道他會搞定一切。

如果有點好奇心，我們就會發現生活中有很多像鐘師傅這樣的無名英雄。我們應該花點時間觀察，想想他們為什麼會成功。一旦你養成留心觀察、勤於思考的習慣，就可以把它帶到工作中。如果你渴望成為一名優秀的領導者，就要有發現別人長處的好奇心，不要僅僅象徵性的說一句「做得好」就走，而要與他們多多交談，了解他們的技能，以及如何為團隊做出貢獻。

作為一名管理者，你不能總是用自己的職權壓迫人或強迫別人做事。否則，如果公司不讓你幫員工加薪、升職，你要如何激勵員工？真心認可團隊成員的能力和成就，他們會與你共同進退，即使公司經歷困難，也願意留下來。

63 成為社團領導人

成為公司領導者之路漫長又艱鉅，對剛畢業的人來說尤其如此。隨著資歷越來越深，你會自認有資格競爭領導者的職位，但不是每一次都能獲得重大的晉升機會。所以，不要一直坐等主管提拔你，要抓住機會，為自己創造成為領導者的機緣，而且這不僅限於你的正職。

你可以去一些成熟的組織（比如校友會或運動俱樂部）爭取領導者的角色，當然，你可能會面臨激烈的競爭。

另一種培養自己成為領導者的方法，就是創建、培育自己的社團，為自己創造接觸資深和高層人士的機會。這樣做的好處是，不論你是學生還是職場新人，年齡都不是障礙。

以下，我提供成為社團領導者的計畫，共有六點：

1. 聚焦於一個領域：你的社團應該聚焦於一個自己長期感興趣的領域。我認識三個年輕人，他們在各自熱愛的領域成立了社團。戴儆安是商學院學生，他熱衷於個人理財；坎蒂（Candy）則是剛畢業的工業設計師，她希望透過自己的設計技能來幫助社團成員；而黃正祥是一位工程師，跑過幾次馬拉松，對健康和健身感興趣。

2. 從小處著手：我和一些人談論過成為社團領導者的事情，他們覺得這種事情太大了，不敢做。如果你想學習與領導力有關的技能，最好從小處著手，瞄準容易接近、積極參與的一小群人，十～二十人即可。戴儆安的個人理財小組成員都是他的同學，他們想學習理財；而坎迪創立了一個小型 LinkedIn 小組，幫助非專業人士製作漂亮的海報和資訊圖表；至於健身達人黃正祥，他沒有試圖說服愛健身的人和他一起去參加鐵人三項，而是鼓勵不愛運動的上班族注意身體健康。

3. 利用社群媒體：你要善用社群媒體來建立、管理並領導你的社團。個人理財大師戴儆安打造了一個以製作並分享精美圖片為主的平臺，因為年輕人喜歡這類平臺；坎迪打造了一個與職場相關的平臺，因為她想與專業人士建立聯繫；而愛健身的工程師黃正祥創建了一個聊天群組，以此創建他的健康社團。社群媒體方便你擴展線上社團。一旦取得了一點成績，你就可以邀請有共同興趣的同事或朋友加入，這是你展示領導才能的絕佳機會。

4. 找個同伴：你不必獨自一人掌管一切，可以一開始就與人合作，這樣你在經營社團時會更輕鬆、更有趣。你可以根據專長為同伴劃分工作職責，比如你主要負責與社團成員互動，你的同伴負責行銷並為活動拍照。

5. 邀請資深專家：參加一個更大的組織有利於社團發展。你可以透過視訊會議、輕鬆午餐或社交活動等形式邀請專家來參加社團活動。假設你領導的是為初露頭角的業餘攝影者服務的社團，可以試著聯繫一位專業攝影師。一開始，你可能會懷疑自己能否請到業內資深人士。請相信，一旦你成為一個有能力的社團領導者，一定會有人願意幫助你。

6. 授人以漁：你會逐漸在擅長的領域累積知識、樹立信心，最終開始指導他人。你可以組織線上培訓，提供課堂教學，或一對一指導。無論採用什麼方法，你最終都會獲得重要的領導技能，這將幫助你日後成為創業者。畢竟，人們越來越期望領導者也是授人以漁的導師，而不是發號施令的「獨裁者」。領導者要能夠指導、激勵團隊中那些較跟不上的人，而不是只關注能力出眾的員工。

在銀行生涯的中期，我開始在我擅長的金融工程領域小規模培訓年輕同事。這些人組成了我的社團。後來，我的主管若擔心某些年輕員工的表現跟不上，就會請我一對一輔導他們。在我證明自己的培訓和指導能力後，有一天經理告訴我，公司有意培養我擔任管理職。

乍看之下，領導自己的社團可能不像是成功的關鍵，但久而久之，這仍會造成重大的變化。你可以藉此鍛煉自己的領導能力，在公司內外樹立領導者形象，推開成為決策者的大門。健身達人黃正祥開始邀請工程師同行一起鍛煉，他在社團方面的成功，為公司經理留下深刻印象，有個經理甚至想加入。高層領導者也很喜歡與年輕的領導者打成一片。

牢固確立自己社團領導者的地位後，你便能成為一名優秀的領導者。

64

不要怕負面評論

即使沒有花哨的頭銜，你也能成為領導者。社群媒體為你提供了一個平臺，可以讓你在公司之外成為KOL（意見領袖，Key Opinion Leader）。要成為一名KOL，你需要有見地、深耕自己的專業領域，並成為該領域的能手。但是，擁有新鮮的視角和創新的想法並非易事。

幾年前的聖誕節，我寫了一篇文章，題為「明天我們需要的教育」。在晚上十一點左右發布文章後，我就上床睡覺了。第二天早上醒來，我簡直不敢相信自己的眼睛！這篇文章有一千多則評論，而且閱讀量還在不斷增加。我當時寫部落格已經一年了，這是第一篇被廣泛、快速流傳的文章。這是我成為教育方面KOL的轉折點。以下是這篇文章的全文：

是的，我們仍然需要學習數學、科學和語言，但我們也需要人生技能，讓我們的人生更有樂趣、更有意義。因此，我有一個想法——創辦一家企業。大家去常規學校上課，是為了學習必備知識，而利用業餘時間線上學習，是為了學習人生技能，該企業每年提供一次面授課程。

1. 學校助你謀生，這裡助你擁抱人生。
2. 學校問你長大後想幹什麼（醫生、工程師、教師等），這裡問你要解決怎樣的問題、要用什麼技能。
3. 學校教你如何應對校園霸淩，這裡教你如何處理辦公室政治。
4. 學校教你硬科學，這裡教你軟技能。
5. 學校舉辦演講比賽，這裡希望你能在日常交流中，將個人故事娓娓道來。
6. 學校教你語言，這裡教你肢體語言，聽懂出口之言和弦外之音，運用圖片表達你的心聲。
7. 學校教你如何寫報告，這裡教你如何在社交媒體上寫出被廣泛傳播的好文章。
8. 學校要求你讀莎士比亞（William Shakespeare），這裡鼓勵你研究脫口秀表演者段子裡的笑點。
9. 學校教你市場行銷，這裡教你樹立個人品牌。
10. 學校組織運動會，這裡告訴你久坐的危害，教你保持脊背挺直、身材苗條，讓你五十歲時勁歌熱舞也不會閃到腰。
11. 學校給你大量作業，讓你沒時間幹別的事；這裡分享時間管理技巧，讓你有時間做自己感興趣的事情。

12. 學校提供校內聯誼環境，這裡教你在網路上結交志同道合的朋友。
13. 學校會給各種功課，這裡也會給你功課，但內容是做影片履歷。
14. 學校以考試成績論成敗，這裡訓練你失敗後如何站起來。
15. 學校告訴你工作與生活的平衡之道，這裡告訴你工作與生活的融合之道。

我的文章之所以被廣泛閱讀，可能是因為它為大家提供了一個全新的視角，展示了我的思想感染力。然而，其中也有一些頗具爭議的觀點。我當時還是部落格新手，有點擔心負面評論，但還是鼓起勇氣發表了這篇文章。果然，留言中出現了一些負面評論，像是：

「很有意思……但我不同意你對當今學校的描述。在瑞典，我們在學校就培養學生迎接現實生活的能力……你提到的這些想法我們多年來一直都有。」

「文才，你真逗。你說你無法在學校學到人生技能？比如提問能力？我很不同意你對學校的描述。」

最初，這種反饋讓我很懷疑自己。後來，我明白，想成為一名成功的ＫＯＬ，沒有批評才更令人擔心，批評過多反而不足為慮。如果每個人都同意你的觀點、沒有任何反對意見，這表明你的想法不夠有趣、不夠創新、對讀者影響甚微。

在社群媒體上成為KOL，可能會讓人望而生畏，因為人們害怕被公開挑戰。但你必須學會接納批評，不要害怕。除非是謾罵或人身攻擊，否則不要刪除或忽略。建設性的評語可以吸引更多人來讀你的文章、產生互動，讀者會互相回應各自的評論意見。看到與自己不同的觀點，也能讓你成為見多識廣的KOL。

在社群媒體上發布互動內容、在活動中發言，會使你獲得成為KOL的技能，也會為你成為職場領導者做鋪墊。當你資歷加深，能承擔重大決策責任時，便能用新視角啟發別人，這樣的能力對領導者而言至關重要。

如果不能面對批評，就無法勝任領導他人的工作。領導者不可避免的會面對來自同事和客戶的不同意見。社群媒體為有效處理、吸取負面評論，提供了良好的訓練場所。如今如果有人批評我的文章，我不會沮喪，反而會認為這是一個拓寬視野、成為優秀領導者的機會。

65 致二十二歲的自己

有些人致力於和公司及行業中資歷深、有影響力的人建立關係，卻常常忽略資歷較淺的年輕人。但從長遠來看，這些人對你的職業發展同樣重要。

培養年輕人，是成為成功領導者的核心要素之一。如果你為公司的實習生或應屆畢業生提供建議，他們便會在心裡視你為領導者。他們可能對自己工作的某些方面沒有把握，因此會很感謝你的幫助。隨著他們在公司不斷成長，逐步晉升，你的領導者聲譽會一直存在。另外，與年輕同事、新人交談，也可以藉此了解時下熱門的科技趨勢。

不要只與自己公司的年輕人建立關係。你的行業可能會出現動盪，需要聘用初階員工，或從頭組建一個團隊。如果你有一個成熟的社交網路，那招聘就會比較順利。我建議你列一份不斷增減的名單，列出那些尊重你，並希望有朝一日能為你工作的年輕人。就像足球經理總會考慮招募年輕球員一樣，你需要追蹤那些和團隊技能互補的人才。畢竟，領導效力最終取決於你的團隊有多強大。

那麼，該如何讓年輕人進入你的人才清單，並確保他們一直留在那裡？在他們幫助你之前，你需要幫助他們。你的資歷比他們深，所以最好的幫助就是為他們提供人生和職場建議，建立導師式的關係。不過，儘管你經驗豐富，但要確切的知道，對一個年輕人說些什麼也並非易事。

什麼樣的訊息和見解對他們有用？我們已經工作多年，有時會忘記初入職場的感受。針對這個問題，我的建議是給年輕的自己寫封信，分享經驗談。

寫一封信給年輕時的自己

我為二十二歲的自己寫了下面這封信。那時我在讀大學，主修工程學，我的成績雖然還不錯，但自信心不足。我將大部分時間花在了讀書學習上，沒有什麼興趣。如果能穿越時空，我會告訴二十二歲的自己以下五件事：

1. 思維瘋狂一點：文才，你活得太無聊了，要放開思路，做點有趣的事才對。何不在學校舉辦文化活動和聚會？以自己的名義舉辦活動，當然沒有人會理睬你，但如果以大學的名義舉辦活動，我相信會有贊助商贊助。放心，學生肯定會來參加。你不是喜歡設計嗎？為何不去向建築學院院長申請選修課程？讓思維瘋狂些，不要害怕冒險。

2. **不要輕易接受拒絕**：文才，改變人的想法並不像你想像的那麼難。不要等你老了才明白這一點，不要不爭取就輕易接受拒絕。

3. **相信蝴蝶效應**：文才，你會發現，現在看似微不足道的一個決定，很有可能對未來影響至深。這是一種被稱為蝴蝶效應的現象。如果不是你主動寫信給銀行的人力資源部門，毛遂自薦，你很可能進不了銀行業。如果不進入銀行業，你就沒有足夠的錢去英國讀金融碩士，這也意味著你可能無法發展國際視野和國際化的職涯。相信蝴蝶效應，不管動作大小，先行動就是了。

4. **學習演講技能**：文才，你的演講技能很弱。無論是成立自己的公司還是為別人工作，你都必須發表有影響力的演講。可惜，學校不會教授這些技能，你需要在課外活動中培養。

5. **蒐集失敗故事**：文才，畢業後，你會遭受很多失敗：一家航空公司拒絕你的求職申請，普林斯頓大學拒絕你的入學申請，客戶拒絕你的產品推薦，主管拒絕你的升職請求。但只要傾盡全力，就不要太在意結果。沒錯，失敗帶來沮喪，讓你覺得自己一無是處，但它也會豐富你的人生經驗與閱歷。所以，蒐集失敗故事，有朝一日成功時，這些故事會讓你的演講更生動。

你現在才二十二歲，未來你能做的事比想像的要多得多。在接下來的幾年裡，你可能會有點迷茫，但生活仍然充滿樂趣。我希望上面這些建議能給你一些指導。

祝你的人生旅途愉快！

寫這樣一封信，既可以幫助你了解年輕人的需求，也可以激勵你開始搭建年輕人的社交圈。你可以回母校演講、帶公司實習生出去吃午飯，或者在辦公室舉辦培訓課程，分享你的知識技能。無論如何幫助和鼓勵年輕人，他們都會感激你，你也將成為人們願意追隨的領導者。

66

大膽想，小處做

無論我們是帶領他人走向卓越，還是在自己的生活中努力實現遠大目標，目光長遠是成功的關鍵要素。對我來說，目光長遠指的是提出可能帶來根本性變化的重大想法。

目光長遠沒有什麼壞處。如果你擔心有人反對、批評自己的想法，則無須透露自己的宏偉目標，你也不需要制定循序漸進的計畫，帶領自己邁向輝煌。完成真正有意義的事情通常需要很長的時間，奔向目的地有點像是揚帆遠航，海上的風向會改變，所以要不斷努力適應新環境，爭取抓住不期而遇的機會，而不是死守固定的計畫。

然而，你還是要從某處開始，立即採取相關的小行動，以此開始你的旅程。如果不行動，想法就只是想法。在過去的二十年裡，我多次努力將遠大的理想付諸行動。雖然目光長遠並不總能如我所願，但我也有收穫，有的甚至改變了我的人生軌跡。

1. 建築師

- **長遠目光：**成為一名建築師。
- **小處著手：**申請建築學學位。

- **最終結果：**我從高中就想成為一名建築師，但我對自己的創意沒有足夠的信心，所以不敢去學習建築。我大學主修工程，碩士時學了金融。但我不願意放棄夢想。在銀行工作十年後，已經三十多歲的我向新加坡一所大學的建築系遞交入學申請。這個小行動引發了一連串事件：系裡邀請我參加一場測試，我竭盡所能的畫了一些自己的設計方案。沒想到，我竟然收到了錄取通知書。

收到錄取通知書那天我非常興奮，久久不能入睡。一想到我要上設計課程，我就喜上眉梢。後來，我開始計算機會成本。接受建築學培訓並獲得建築師資格大約需要六年；如果留在銀行業，在這段時間裡我至少會晉升一次，並掙到足夠再買一間房子的錢。隔天一早，我依舊穿上西裝去銀行上班，放棄就讀建築師課程的機會。

每當我走過香港地標性建築滙豐銀行總部大廈，或新加坡那家有壯觀穹頂的蘋果店（均由著名的福斯特建築事務所〔Foster + Partners〕設計）時，我都會停下來思索：如果我當年有勇氣改變事業軌跡，生活會是什麼樣子？

雖然我沒有成為一名建築師，但一直保持著對設計的興趣，它豐富了我的生活，讓我與其他對設計感興趣的人產生連結。

2. 跑馬拉松

- **長遠目光：**跑馬拉松。
- **小處著手：**在健身房跑三公里。

- **最終結果：**對於求學時期身體瘦弱的人來說，跑完一場馬拉松是一項偉大的成就。我在長跑方面沒什麼經驗，所以我只能從小處著手。我先在健身房的跑步機上跑三公里，然後每週增加一公里，直到在馬拉松比賽開賽前的一個月，達到三十三公里（馬拉松是四十二公里）。可惜的是，那段時間我椎間盤突出的舊疾復發，幾個月的訓練付之東流，沒跑成馬拉松。以我的水準，三十三公里已經是一個里程碑。

3. 寫部落格

- **長遠目光：**成為自媒體達人。
- **小處著手：**在LinkedIn上寫一篇短文。
- **最終結果：**我一直對部落客寫出有趣文章的能力感到著迷。對我來說，成為部落客是件大事，因為高中時，我的英語考試成績曾經不及格，一直以來，我對自己的寫作能力都沒什麼自信。

在哪裡發表文章以及部落格的長期戰略讓我苦惱了很久，後來，我決定先做再說，在網路上發表了一篇文章。收到一些讀者的反饋後，我就繼續寫了下去；一年後，我又開始用中文寫文章，擴大我的粉絲範圍。後來，我又去其他國家發表演講，為牛津大學和芝加哥大學布斯商學院的學生做線上演講，讓我的受眾不斷擴大。一個小小的行動，讓我走上了一條新道路，帶來了很多新機會。

今天，我對寫作得心應手，也很榮幸能與世界各地的粉絲交流互動、建立關係，其中很多人與我從未謀面。與粉絲的互動改變了我的生活，得知人們閱讀我的文章，採取我提出的小行動而取得巨大成功，我總是歡欣鼓舞、備感滿足。

你現在讀的這本書，正是我在網路上發表文章不斷積累的結果。現在，你看到小行動能為職業生涯和人生帶來多大的改變了吧？

大膽想。小處做。

趁現在。

國家圖書館出版品預行編目（CIP）資料

講好你的故事：大膽想、小處做、趁現在，前瑞銀董事總經理的小步驟累積故事成功法。學非所用也能走出事業高成就。
／沈文才（Eric Sim），西蒙・莫特洛克（Simon Mortlock）
著；馬艷譯. -- 初版. -- 臺北市：大是文化有限公司，2023.12
288頁；17×23公分. --（Think；270）
譯自：Small Actions: Leading Your Career To Big Success
ISBN 978-626-7377-05-5（平裝）

1. CST：職場成功法

494.35　　112014650

Think 270

講好你的故事

大膽想、小處做、趁現在，前瑞銀董事總經理的小步驟累積故事成功法。學非所用也能走出事業高成就。

作　　者／沈文才（Eric Sim）、西蒙・莫特洛克（Simon Mortlock）
譯　　者／馬艷
責任編輯／李芊芊
校對編輯／楊皓
美術編輯／林彥君
副總編輯／顏惠君
總 編 輯／吳依瑋
發 行 人／徐仲秋
會計助理／李秀娟
會　　計／許鳳雪
版權主任／劉宗德
版權經理／郝麗珍
行銷企劃／徐千晴
業務專員／馬絮盈、留婉茹、邱宜婷
業務經理／林裕安
總 經 理／陳絜吾

出 版 者／大是文化有限公司
臺北市100衡陽路7號8樓
編輯部電話：（02）23757911
購書相關資訊請洽：（02）23757911　分機122
24小時讀者服務傳真：（02）23756999
讀者服務E-mail：dscsms28@gmail.com
郵政劃撥帳號：19983366　戶名：大是文化有限公司

法律顧問／永然聯合法律事務所
香港發行／豐達出版發行有限公司 Rich Publishing & Distribution Ltd
地址：香港柴灣永泰道70號柴灣工業城第2期1805室
Unit 1805, Ph. 2, Chai Wan Ind City, 70 Wing Tai Rd, Chai Wan, Hong Kong
電話：21726513　傳真：21724355
E-mail：cary@subseasy.com.hk

封面設計／林彥君
內頁排版／黃淑華
印　　刷／韋懋實業有限公司

出版日期／2023年12月初版
定　　價／新臺幣399元
ISBN／978-626-7377-05-5
電子書ISBN／9786267377253（PDF）
9786267377246（EPUB）

Printed in Taiwan
（缺頁或裝訂錯誤的書，請寄回更換）